園藝樹木 自然修剪法

最友善環境的自然修剪方式

晨星出版

前言

走在路上，不時會看到一些被剪得亂七八糟的樹木。

有些行道樹被剪得令人不明所以，有些庭院樹則被粗魯地砍去本應保留的樹枝，彷彿它礙到了誰……。

每每看到它們被折磨成這樣，就讓我心痛不已。

正確的修剪方法，應該要能常保樹木健康，又兼顧美感才對。

我們是園藝師，多年來致力於維護、打理自家的庭院至今，提倡不使用任何農藥與化學肥料。最近我們希望在力所能及的範圍多方嘗試，因此也承接許多到府指導的園藝工作。

翻修庭院是一件美好的事情，而修剪正是最簡單就能改變庭院樣貌的方法，不用大手筆就能達成。有趣的是，真的有人在修剪後，因爲風格變化太大，竟然經過家門而不自知。

本書介紹的修剪方法讓成果看起來既自然，又不會造成樹木負擔，散發盎然的生機。話雖如此，其實也並沒有什麼特別之處，採用的多半也是從前就有的方法。

普遍認爲樹木移植後，至少需要三年才能長回茂盛的面貌。

而修剪後的結果究竟是好是壞、會開花、只徒長枝葉，亦或是枯萎而終，都得等隔年見證它能否開花結果才能得知。某種程度而言，也可以說只能「放養」才行，畢竟本來就不存在眞正意義的「標準答案」。最直接的證據，就是專業園藝師都各有自己獨門的修剪方法，且根據多年的經驗與直覺，修剪程度也因人而異。

本書採用較普遍的標準，介紹不傷害樹木，以及至少讓樹木感到舒服的修剪方法。

增進修剪技巧的不二法門，即是先重複觀察精心修剪後的樹木樣貌。

怎樣的修剪形狀最受樹木本身的青睞呢？本書內刊載了許多修剪前後的照片，讓讀者更能心領神會。

而且，這些照片全部都是我們實際幫客人的庭園操刀後的作品。

選照片時，總覺得這棵樹很可愛，那棵樹也值得介紹，不知不覺竟挑了九十二種！快來看看你家庭院的樹種是否也入選了呢？

此外，我們在撰寫此書時亦從生物多樣性的視角切入，因此除了介紹修剪方法外，也涵蓋庭園容易發生的蟲害與疾病、挑選樹木的方法和種植地點，在在著眼於「有機生物的連結」。

對於即將爲庭園造景挑選樹木的讀者而言，此書亦不啻爲一本指南。

和急於求成的人類不同，植物在時間的長河裡慢條斯理地生長。
因此，至少在身處庭院時，試著讓自己完全沐浴在這慢活的氛圍裡吧。
一小戶庭院的樹木雖然不多，但只要家家戶戶都用有機的方式打理、維護，就能和自然界的森林分庭抗禮。
一棵樹，就能孕育一個生態系。
希望透過此書，你也能找到自己和樹木的共處之道。

目次

基礎篇

COLUMN

修剪的真諦
——為了和庭院樹木和諧共處

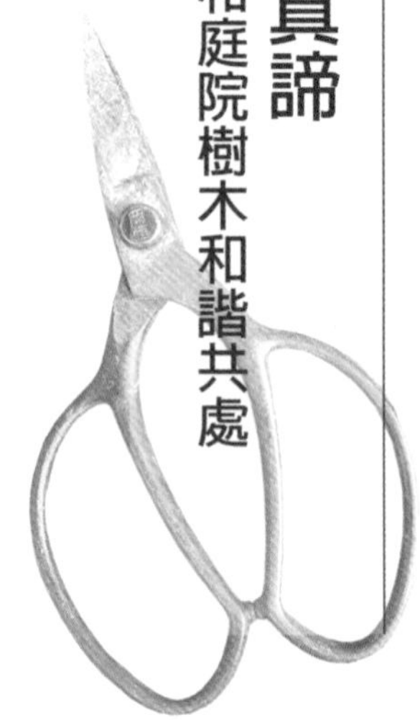

往郊區走雖然可以看到寬敞的庭院戶，但大多數住宅的空間還是比較有限。在這狹窄的一方土地，樹木通常要花10～20年的時間才能慢慢茁壯。

樹木生長時將在受限的空間內彼此阻礙，導致灌木類與草叢在陰暗中枯萎、無法開花，整個庭院的採光和通風也隨之惡化。

當樹木進一步長大，就很可能越過隔牆撞上電線和電話線，長過頭的樹枝還會掉落葉子到鄰居家裡，不時甚至阻塞排水溝。

要想在局限的空間內保持樹木的形狀，就要人爲的介入與照顧，因此修剪工作至關重要。

講得稍微誇大點，維持樹形的修剪邏輯，可以適用於所有樹種。

重點就是剪去過長的枝條，留下柔軟的樹枝，以常保樹木的形狀。

當然，每個樹種的特性各異，包括樹形、分枝、生長力以及花芽的位置等，因此實際的修剪方法會稍有不同。

另外，修剪方法也會依目的有別，例如想把樹好好種到茁壯、只是想保持形狀，或者想大幅修剪等。

樹的能量與病蟲害

只一味地大肆修剪，或把所有礙眼的枝條都砍光，不但會害樹木愈來愈虛弱，更容易引發病蟲害。

如果不先順著樹形考量能量的流動方向（參考第18頁）就將枝條攔腰截斷，樹的能量會因此在切口處堵塞，導致隔年細枝大量叢生，反而容易招致病蟲害。

所謂攔腰截斷，指的是像砍伐枝幹那樣大刀闊斧地從樹枝中間剪掉，以及不管有無枝葉或新芽都盡數砍去的作法。

葉子的功能

此外，葉子對樹木而言也扮演了重要的角色，少了葉子就不能為樹木製造能量。因此，修剪時也得審慎考量應保留多少葉子，並盡量避免修剪過度（剪過頭）。

害樹木虛弱的元兇

如果每年都有病蟲害，通常就代表樹木本身比較虛弱。

常見原因不勝枚舉，包括土壤品質、排水問題、根部被壓得太緊、在狹窄的空間內種太密或太深（深植）、農藥傷害、過度施肥、過度修剪、長大後擠在植穴框裡、叢生的攀緣類植物因相互纏繞阻礙光合作用、樹木附近的水泥施作帶來的鹼害，以及因狗貓排尿造成的氨害等。

除上述外的原因還有百百種，即使是樹木學家也很難鎖定造成樹木衰弱的主因。

透過減輕樹木負擔的方式修剪，可以降低病蟲害帶來的影響，達成和樹木長久共處的目標。

正因空間有限，我們才希望修剪後的樹木可以綠意盎然、充滿生機，並且符合大眾的審美樣貌。

修剪前

在這種散發樹林氣氛的庭院中，最好採自然式修剪法，以避免整體過於厚重繁密。
只要妥善維護打理，就能讓來客彷彿步入大自然之中，感受清爽的微風。

修剪後

修剪前

日式庭院內，可見到大門上方被修剪成球簇狀的羅漢松（p.143）。

如果枝葉長得過於茂密，可能遮住庭院不利於防盜，因此一定要勤於修剪常綠樹的枝條。若是開花型落葉樹，修剪時須謹記保留長出花苞的枝條。在這個範例中，我們把樹木打薄，讓整體看起來更加清爽通風。

修剪後

【本書使用方法】

●在庭院樹篇章中，我們共介紹 92 種受歡迎的庭院樹種。

●在基礎篇章中，我們講解和庭院樹應有的共處之道，以及相關園藝工具等。

●在庭院樹篇中，我們將修剪方法分爲 9 個群組，包括「灌木」、「截剪、整枝修剪」、「自然式修剪」、「直角」、「垂枝」、「雜亂無章的植物」、「針葉樹」、「攀緣植物」和「修剪方式較特殊的樹種」。每個群組先解釋共通的修剪方法，然後再針對每種樹木進行詳細說明。

●修剪時期以我們居住的埼玉縣一帶爲標準。

●花期、結果期以及昆蟲相關內容，也是以我們居住的埼玉縣附近爲標準做概述。另外，果實相關的內容著重在觀賞性和吃起來的風味。

●各樹種的病蟲害，是以我們用無農藥和無化學肥料打理的庭院爲主，介紹自身的觀察經驗。

●在有昆蟲的照片裡，背景出現的樹和當下解說的樹種不一定相同。

●爲了便於讀者理解修剪後的差異，有些照片並非在最適季節修剪的結果。

●樹高

本書針對樹的高度分類如下，詳情請參考 p.170。

灌木：矮樹叢或矮樹籬等，低於視線高度的樹種。

大灌木：高於灌木，但高度在 1 樓以下的樹種。

喬木：高於 1 樓窗臺高度的樹種。

樹高的分類標準，指的是在管理得當的情況下樹木能達到的高度，或是容易維持樹形的大小。

●日照

本書依以下標準做日照程度的分級。

全日照：幾乎整天都有陽光照射的地方。

半日照：每天約有 3 ～ 4 小時陽光照射的地方。
或者是日照充足但被樹木或其他物體遮蔽，只能接收約一半日照量的情況。

耐陰：每天不到 3 小時陽光照射的地方。

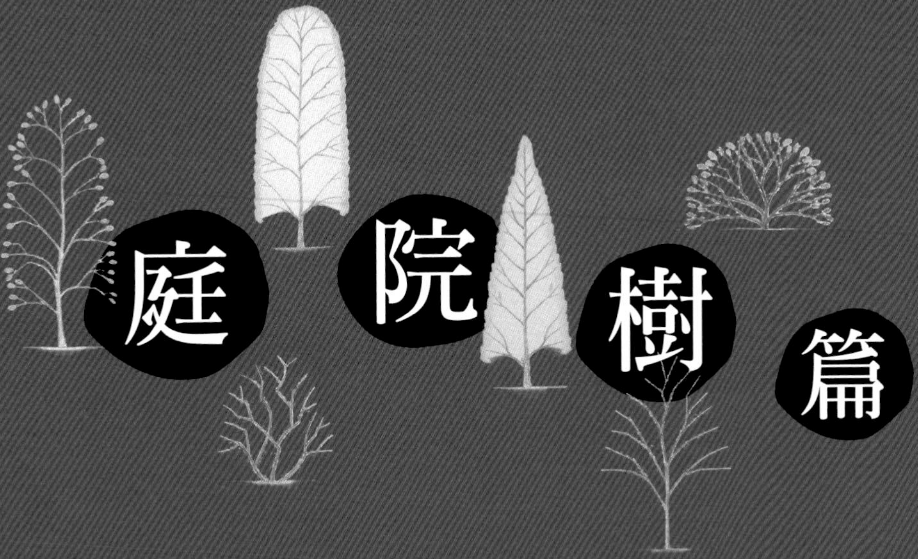

庭院樹篇

所有樹木通用的修剪方法

所有樹木都通用的基本修剪方法，就是「**汰強枝留弱枝**」。只要牢記這個觀念，就能修剪得既美觀，又讓樹木覺得舒服。

所謂**強枝**指的是徒長枝或強勢的粗枝幹，**弱枝**則是指細小但形狀優美的枝條。

三種修剪——培育、維持、修小

修剪依目的分爲培育型修剪、維持樹形的修剪，以及把長過頭的樹木修小這三種類型。

培育型修剪的目的是讓樹長好枝芽與塑造樹形。種好小樹苗後進行的修剪，都是爲了引導樹木長成自己期望的高度與形狀，同時促進其成長。

維持樹形的修剪則是剪去舊枝以新枝取代，維持樹的大小與形狀。

把長過頭的**樹木修小**又稱爲強剪法，大刀闊斧地把枝幹全面剪短後，就能引導讓樹長出新枝並重塑樹形（原木再生）。

修剪時期與次數

樹的修剪期因種類而異，但如果依樹種個別修剪將會非常繁瑣，所以如果種植許多種類的樹木、或者要委託專業園藝業者修剪時，最好以**每年修剪 2 次**爲目標，最少也要修剪 1 次。

若想一口氣集中修剪所有樹種，最適合的時間是在**長滿葉子的梅雨季節**，以及在**秋季初冬進入休眠期之前**。此時候樹木已經耗盡了所有的能量，因此可以透過修剪控制它們的生長，維持它們的大小以便管理。

雖然從樹木的角度來看，在最疲累的時候被剪枝無疑是辛苦的，但要在空間有限的人造庭院裡生存，就必須維持在剛好的大小才行。

如果在長芽期修剪，容易因爲枝芽生長太快，害美美的成果一下就變形了。此外，若在太熱或太冷時強剪常綠樹木，則可能導致樹木衰弱。

如果想要一次性剪掉落葉樹的厚枝幹，最好選在冬天爲佳，因爲此時木腐眞菌的活性較低。

至於開花樹的修剪時間，則建議選在**花謝後到新花苞生成前**的期間，又或者可以在花苞膨脹到清晰可見時再修剪，以確保留下有花苞的枝條。

修剪前須考慮整體平衡

修剪的重點在於維持整體的平衡。所謂修剪的平衡，指的是「**顧慮枝條分布**」。過程中不能讓樹枝呈現局部過密、局部稀疏的樣貌，而要讓**樹枝均勻地分布，保持整體密度一致**。

如果過度專注於當下修剪的區域，會很容易導致整體失衡。建議作業時可以不時遠離樹木一下，全面觀察後再下手。

上強下弱

由於上方的樹枝生命力較強韌，所以修剪時可以不用顧慮太多；相對的，下方枝條通常樹勢較弱，如果修剪過猛可能會害整株枝條枯萎。

此外，樹叢過密時務必定期修剪，否則一旦放著不管，樹枝很容易從下開始往上壞死。爲了避免這種情況，就得從上部進行強剪。

徒長枝

徒長枝指的是迅速生長後突出的樹枝。

徒長枝通常在第一年幾乎不會結花結果，因爲它們的主要目標是快速生長和增長高度。對植物而言，開花就如同生產一樣，如果生長期的能量全部被用於生長本身，就沒有多餘的能量可以生產。因此許多樹種在第一年的徒長枝上不會開花，而是在隔年的枝條上才會開花結果。

基本上建議把徒長枝整株剪掉，但也能視情況稍作修剪即可。

糾纏枝、平行枝、下垂枝、直立枝

如果樹枝和其他枝條糾纏在一起（**糾纏枝**）、上下枝交疊並往相同方向生長（**平行枝**）、往內或往下長（**下垂枝**），或是直直地往上生長（**直立枝**），原則上就須剪掉。不過也要顧及整體的平衡感，有時爲了避免樹形失衡，也會予以保留。

實生、分蘗枝、幹頭枝

一般從根部長出萌蘗或樹幹發芽時都建議剪掉，看到枝芽萌發往往代表樹木已逐漸衰弱，因此才不得不長出嫩芽或新梢來續命。

●實生

你是否在庭院中看到一些不曾種植的樹木，卻又不知它從何而來？有時候這些樹木可能生長在鄰居的圍牆附近，且樹木之間的間距看起來非常狹窄。這種情況通常是種子被外力帶到附近，並在適當條件下發芽的結果。

實生苗通常來自鳥類排泄物中的種子，有時也會經風傳播。如果是比較輕的花草類，也有可能是由螞蟻搬運而來。

如果放任實生的樹木愈長愈大，不但可能和其他樹木相撞，也可能侵入鄰居領地裡，所以有時得將它們砍掉。

實生於露臺邊的紫薇。

非針葉樹的樹種通常砍掉還會再生，因此必須連根拔除；但若遇實生時則會像牛蒡一樣長得根深蒂固，除了容易妨礙其他樹木的樹根，又容易越過圍牆生長，很難根除。

自然實生的樹木在庭院中經常出現。因此，在享受庭院氣氛的同時，也必須時時檢視整體環境，一旦發現未曾種植的植物，務必儘早將其除去。剛長出來的時候就是最佳處理時機。

如果想看看它會長成什麼植物，可以趁早先將它

挖出來移植到盆器裡。在確認是想保留的植物後，建議在盆中種植一陣子後再將其移植到目標位置。如此一來，它就不會在不合適的地點愈長愈大。

●分蘗枝

分蘗枝指的是從樹根長出的枝芽。

通常會從接近地表開始剪除，但如果想幫助衰弱的主幹回春，或打算培養成多幹樹形時，也可以保留一些枝條。多幹指的是讓樹木在地表就分成幾株枝幹（通常是奇數株）的樹形。

日本辛夷的萌蘗。

●幹頭枝

幹頭枝指的是從樹幹主體萌發的芽，其中幾株有可能最後會生長成樹枝。當樹木愈發衰弱，就可能從樹幹上直接長出新芽，用這應急手段來增加光合作用的量。例如柑橘類長出幹頭枝時，如果放著不管就可能發展成糾纏枝，因此多半會把它砍掉。

幹頭枝會衍生通風不良、日照不足和樹形走樣等問題，所以不可能全部保留，但若是細小的枝葉並沒有發展成糾纏枝，則建議可以觀察一年以上再做打算，它們大部分在任務完成時就會自然枯萎。

有時強剪丹桂等植物時，樹木會因爲感受到威脅而冒出大量幹頭枝，這種情況並非樹木虛弱的徵兆，因此可以將幹頭枝盡數砍去。

但如果幹頭枝很明顯是因爲樹木衰弱才長出來的，則應避免對整棵樹進行強剪。

山茱萸的幹頭枝。

如何催花

如果被修剪過頭，樹木可能會消耗能量來生長以恢復動力，導致不開花的下場。另外，如果在長出花苞後再修剪樹枝，花朵也可能不會綻放。

許多樹種會從當年或前年長出的樹枝上開花，但有些樹種要長到相當成熟時才會開花。

普遍認爲不開花的原因是缺肥，相反的，也有可能是過度施肥才導致不開花。因爲一旦營養過多，能量就會被用來生長。

樹快枯萎時

如果在炎炎夏日進行強剪，樹勢可能會愈長愈薄弱，尤其是常綠樹。隨著枯葉變多，如果能自然凋落還好，若枯葉無法自行從樹木上脫落，有可能就是整株枯萎的前兆。但有時即使它看起來已經枯萎，也可能在隔年春天從地面冒出新梢，建議等待一段時間稍作觀察。

此外，有些樹木並不適合移植，如柑橘類和瑞香。像夏山茶如果在盛夏移植或種植，可能會逐漸枯萎。如果採「深植」法，亦即把盤根上緣種到土壤平面以下，直至部分樹幹埋入土中的方法，也可能因爲缺氧導致壞死。

設想樹木的能量流向再行修剪

請試著在腦海中勾勒出闊葉樹的形狀。它們從土壤吸收水分及養分，再透過葉子光合作用，使樹枝得以伸展。這種形象，就像是樹木從大地吸收能量，然後經由枝條末端釋放到四周一樣。修剪時的重點在於不能切斷樹木的能量流動。

當樹木種在一起且枝條相觸，同樹種時可能會好幾棵形成一大棵樹的樣貌，但若樹種不同，彼此可能

為了避免接觸終致其中一方枯萎。

不使用化學肥料、農藥與殺菌劑

樹快枯死時，不能因為想讓它起死回生就施以化肥，這行為就好像給瀕死的病人吃牛排一樣。雖然難忍衝動，還是按捺住，好好看護它吧！

日本的土壤呈植物喜歡的弱酸性，富含大量的氮。除了種樹苗時需要施肥外，一般幾乎不用額外施肥。如果需要施肥，建議使用製作嚴謹的日本產腐葉土（海外進口品可能因檢疫需要而噴灑農藥），或盡可能選用不含添加物、農藥的生質堆肥，以及碳化稻殼等天然的土壤改良材。

一旦使用農藥，經水沖刷滲入土壤後將損及樹根。預防病蟲害最好的方法，是避免每天過度澆水和施肥，並減少輔助架的使用，才能讓樹木不被慣壞，充滿生命力。

至於用在較粗切口的殺菌劑和嫁接蠟，可參考「樹的防禦層」（第172頁）。

適合的環境因樹種而異

每種樹木都有其適合的環境。以日照條件而言，包括全日照、半日照、耐陰等，土質分類也是五花八門，有沙土、黏土、乾燥土和溼土等，另外還要觀察土壤的貧瘠或肥沃程度等各種條件，才構成了整體環境。因此，若在不適合的地方種樹，樹的生命力就會減弱，若再使用化肥或農藥等外在方式介入打理，對環境、人類和樹木都會造成負擔。

順應土地特性，以合適的植物打造庭院，就能讓園藝的樂趣加倍。

短截修剪

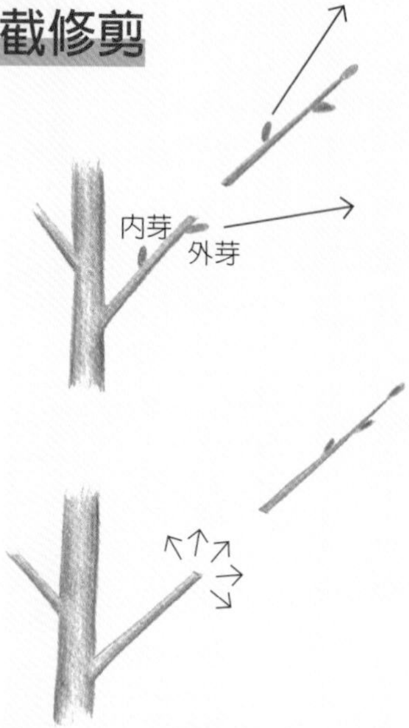

從枝條中間剪斷、修短的方法，即爲短截修剪。
通常會保留外芽，剪掉其正上方的枝條。
待外芽生長後就能長得很優美。
若選擇保留內芽，切除其上方枝條後，內芽容易長成直立枝或糾纏枝。

爲了讓枝條均衡分布，有時就算沒有芽也會修剪，但也可能導致長出紊亂的新枝條，或是樹枝在短截後枯死。

徒長枝、糾纏枝、直立枝、下垂枝

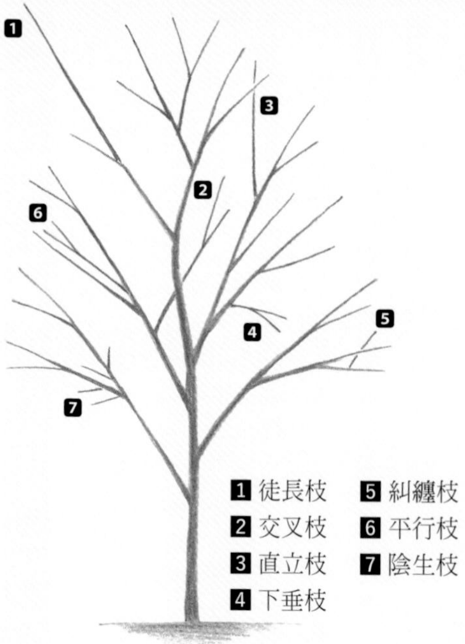

1 長勢過於旺盛的樹枝（徒長枝）通常建議剪去，或視情況短截修剪。2 與其他枝條交叉的枝條（交叉枝）、3 直立枝、4 向內或向下延伸的枝條（下垂枝）、5 和其他樹枝互相纏繞生長的枝條（糾纏枝）、6 上下重疊並朝相同方向生長的枝條（平行枝）、7 往樹幹內側長出的細枝（陰生枝）等，原則上也會剪去。

但如果剪去這些枝條會導致樹形失衡，也可酌情保留。

自然式修剪（橫枝）

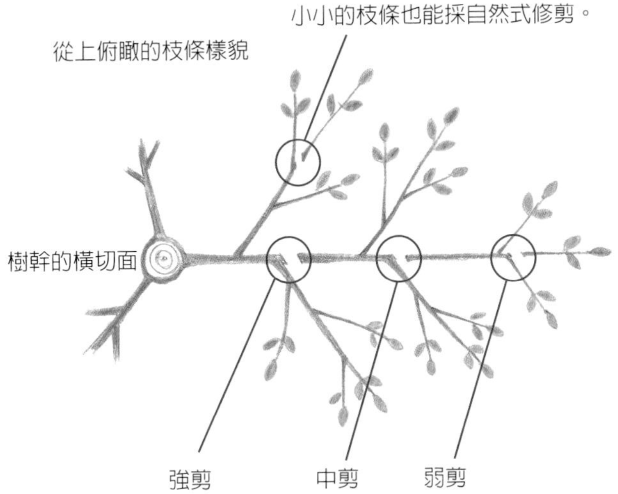

沿著生長茂盛的枝緣往內，直到樹枝明顯分岔處進行修剪。愈往出枝處，就愈能強剪。
修剪完後，柔軟的樹枝也會沿切口往外側生長，漸漸形成自然的樹形。

自然式修剪（縱枝）

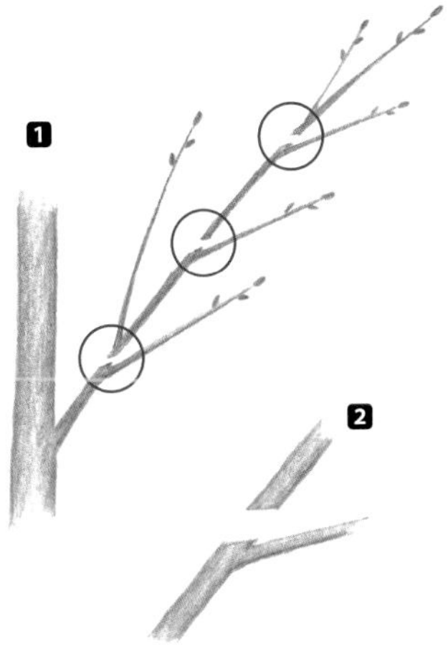

1 在向外生長的茂盛枝條上，沿著邊緣往內直到樹枝明顯分岔處進行修剪。2 切口可沿著保留的枝條角度修剪，讓修剪處看起來較不明顯。如果剪得太深會容易枯死，保留太長也容易枯萎，或長出許多樹枝破壞樹形。

截剪

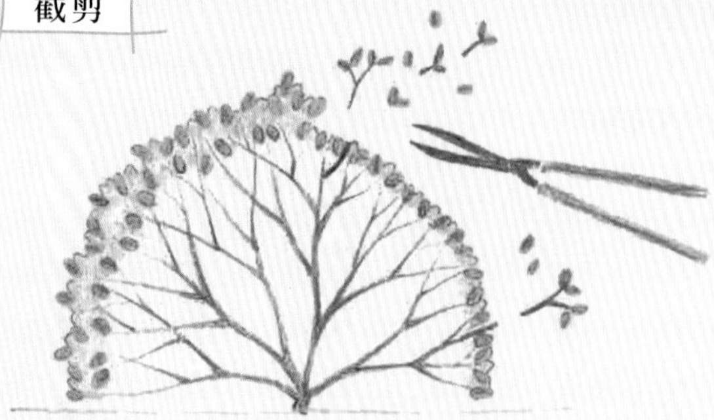

❶ 把上緣的葉子強剪到剩下一點點。❷ 如果下面的葉子剩太少容易造成樹枝枯萎，因此要採弱剪，盡量保留樹葉。❸ 如果表面露出一點粗枝的切口，就改往內部剪切。

整枝

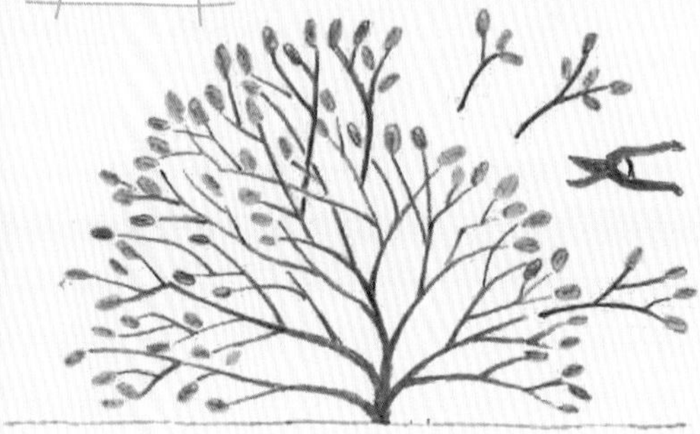

❹ 對長勢猛烈的樹枝行自然式修剪。透過保留柔軟的枝條調整樹枝比例、雕塑樹形。

疏剪

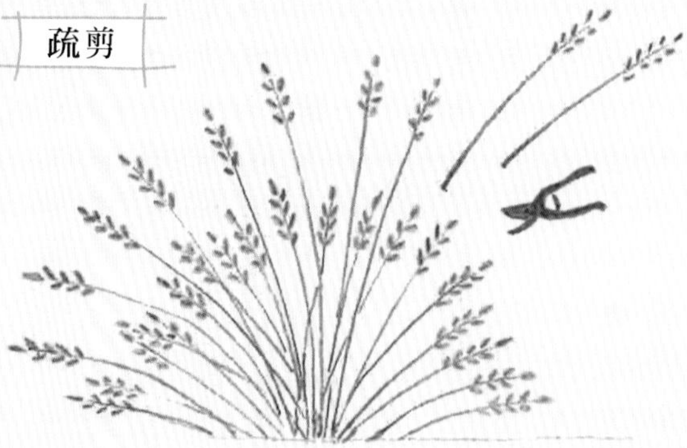

❺ 將長勢猛烈樹枝盡可能從根部疏剪，並搭配自然式修剪保留柔軟的枝條、調整樹枝比例。

灌木

灌木的高度通常低於視線，因此非常便於打理。另外，像杜鵑這種高於 1.5 公尺的樹種也可被視為灌木。

灌木不但能包覆大灌木、喬木的根部並平衡整體做「固根」外，還能遮蔽部分地面面積，形成人造「綠植」。此外，灌木甚至可以當成道路與樹叢的分水嶺，也就是植栽和人造結構的「邊界」。

每種樹適合的修剪方法各不相同，對細枝叢生的樹形（如杜鵑等）通常採截剪，如果是單株主幹或多幹樹形（如梔子花、瑞香等），則可以沿著長勢旺盛的枝條往出枝處整枝。若是像棣棠花這類呈放射狀的修長枝條，建議以疏剪方式，從地表把過長的樹枝依序剪去。

只要經常修剪灌木讓接近地面處保持通風，就不易成為蚊蟲的溫床。

杜鵑花類

杜鵑花科／常綠灌木（也有落葉型）

修剪時期 開花後～6月

花期 4～6月

病蟲害 杜鵑三節葉蜂、杜鵑冠網蝽、紅蜘蛛、植物癭

說到杜鵑花，腦海中隨即浮現在腳邊開花的小樹印象，但其實它們在毫無打理的情況下，輕輕鬆鬆就能長得比成年人還高。杜鵑花的種類繁多，有時會種來幫庭院樹固根。日照不足時較難開花，但若種在朝南的樹籬下就很容易開花。夏季遇連日乾燥時有可能枯萎，因其根部較淺，降雨過少時需要人為澆水。有的杜鵑花樹齡甚至超過800年。

修剪方法

基本採截剪。

在花期結束後，尤其應以強剪修整為佳。

由於杜鵑花在8月左右就會開始長出花苞，因此要避免夏季後過度截剪。

秋天後只要弱剪掉突出來的樹枝即可。如果入秋後非得強剪，就要打消隔年開花的念頭。只要把杜鵑花剪得稀疏點，它們就能逐年長大。

杜鵑花的種類五花八門

❶久留米杜鵑 ❷皋月杜鵑 ❸常綠杜鵑亞屬 ❹源平杜鵑

修剪前的久留米杜鵑樹籬

杜鵑花類植物在花期後最好都採強剪，只要剪得稀疏點，它們就能逐年長大。

由於杜鵑花在 8 月左右就會開始長花苞，因此在那之後要避免過度截剪。若到年底時想修整形狀，也建議採弱剪為佳，並以不要剪到花苞為前提。

修剪後

修剪後

將杜鵑花修成圓球狀前

病蟲害

5～11月間，杜鵑花容易遭到杜鵑三節葉蜂這種葉蜂幼蟲的危害。

牠們的成蟲外表呈深茄藍色，在葉緣產卵孵化後，幼蟲就會開始蠶食整片葉子直到剩下葉脈。

杜鵑三節葉蜂不太會在健康的樹上產卵，因此虛弱的樹較容易遇害。

若實在被啃食得太嚴重，建議當機立斷把整株杜鵑花挖出，移植到日照充足的地方。

杜鵑三節葉蜂的天敵有螳螂、蜥蜴、蜘蛛、獵蝽、青蛙、鳥類、蜜蜂、泥蜂和寄生蠅等。

此外，杜鵑花在5～9月也容易被杜鵑冠網蝽侵襲，不論成蟲或幼蟲，一旦葉子的汁液遭到吸食，葉表就會褪成白色，只看一眼就知道。另外，葉子背面則會沾附黑色的糞便。

牠們和杜鵑三節葉蜂一樣，也會被肉食性的獵蝽捕食。由於杜鵑冠網蝽的成蟲會躲在落葉底下過冬，因此務必將杜鵑花的落葉清掃乾淨。

杜鵑三節葉蜂
❺幼蟲啃食痕跡。
❻幼蟲。左下角有隻蜘蛛在伺機而動。
❼產於杜鵑花葉緣、被埋入葉裡的卵。
❽成蟲。

杜鵑冠網蝽

❾成蟲的形狀像葫蘆形的相撲軍配扇，翅膀清透發亮，非常漂亮。牠們容易在連日炎熱、乾燥、通風不良的環境繁殖，每年可繁殖 4 ～ 5 次。

❿啃食痕跡。葉表已經發白，背面則布滿杜鵑冠網蝽的黑色糞便。

⓫推測因酷暑缺水導致枯萎的杜鵑花；後已恢復生機。

⓬杜鵑花為多種昆蟲提供花蜜來源。

⓭杜鵑花斷崖。「斷崖」意指從高處垂下的花朵。

日本吊鐘花

杜鵑花科／落葉灌木

修剪時期 5～6月

花期 4月

病蟲害 蚜蟲、介殼蟲

●不耐旱

日本吊鐘花在春天會萌發柔軟的新芽，花形和鈴蘭花一樣呈吊鐘狀，非常可愛。它們的葉子會在入秋後轉紅，於冬季時凋落，構成四季更迭的美景。日本吊鐘花的日文漢字寫作「滿天星」，因為每當垂墜的鐘形花朵盛開時，看起來就像滿天星一樣。這種樹的枝條又細又密，因此儘管是落葉樹，也經常被打造成樹籬。

修剪方法

它們很容易發芽，因此在花期結束後到5～6月間，可以毫無顧慮地徹底修剪，但如果在其他時間修剪，可能會導致不易開花。

病蟲害

日本吊鐘花對病蟲害的抗性很強，但如果種在淋不到雨的地方，就可能發生蚜蟲和介殼蟲等蟲害。不過蚜蟲的幼蟲通常很快就會被七星瓢蟲、短翅細腹食蚜蠅給吃掉，反而讓人感受到無農藥庭院的豐富生機。

❶短翅細腹食蚜蠅的幼蟲
牠們的外觀雖然像蛆一樣不討喜，但會積極捕食蚜蟲。

❷短翅細腹食蚜蠅的蛹
身形呈雨滴狀。

❸短翅細腹食蚜蠅的成蟲。

❹七星瓢蟲的幼蟲。牠的樣貌意外地鮮為人知。

❺侵食日本吊鐘花的蚜蟲。

❻侵食日本吊鐘花的介殼蟲。

修剪前的日本吊鐘花。

修剪中

只要修剪得稀疏點，它就能逐年長大，因此建議開花後再行強剪。

如果強剪時出現粗枝，可以向內短截修剪，把整體修飾得更柔和。

修剪後

修剪後

修剪前的樹籬。入秋後的紅葉。

粉花繡線菊

薔薇科／落葉灌木

修剪時期 6月底～7月

花期 5月底～7月

病蟲害 強健。偶有蚜蟲、下野圓花蜂、介殼蟲害、白粉病

●花色有深粉紅、淺粉紅和白色。耐寒耐熱。

粉花繡線菊綻放可愛的花朵，但看起來並不張揚，是自古以來用於日本庭園中的出色植物，它對病蟲害抗性強，又耐熱耐寒，花朵迷人，花期也長，因此幾乎沒有理由不種它。這種植物最適合半日照，但它也能耐旱與海風，因此可以在全日照環境下生長。

修剪方法

花謝後剩下的花萼看起來有點髒髒的，因此建議適度剪去花萼。如果條件得宜，之後可能長出第二輪花朵。若徒長枝長太長，可以往出枝處短截修剪。若是整體長得過於茂密，建議從地面疏剪粗枝。

病蟲害

雖然偶爾會受到白粉病的影響，葉子、花苞和花也會被下野圓花蜂的幼蟲啃食，但整體而言它們是相當強壯的，就連蚜蟲都很少出現。

修剪前

下野圓花蜂（葉蜂的同類）幼蟲會啃食葉子、花苞和花朵。牠們的身體呈現黃～綠～紫的漸層色，帶有像水滴般的白色蓬鬆斑點，十分可愛。

修剪後

截剪後再從地面對過密處疏剪，最後再用自然式修剪使整體更加通風。

連翹

木犀科／落葉灌木

修剪時期　12 月～隔年 1 月、5 ～ 6 月

花期　3 ～ 4 月

病蟲害　介殼蟲、廣翅蠟蟬科、白粉病、紋羽病

●全日照

連翹在充分日照下開出的花最美。只有在初春時看到整排金黃色的連翹樹籬，才能深切地感受到春天的氣息，十分奪目。最近較容易買到的園藝種，是花朵又大又漂亮的朝鮮連翹。

〈修剪方法〉

建議在12月～隔年1月左右時先輕微修整，在花期結束後至5～6月時再進行強剪。如果長出顯眼的徒長枝，可以回溯到出枝處修剪。在沒有病蟲害侵擾的情況下，連翹的花朵通常會長在枝條下部，因此透過修剪的方式讓單株或樹籬看起來更整齊。如果擔心對單株截剪會看起來不夠自然，可剪掉過粗的枝條，再把樹形稍微修成圓球形即可。

〈病蟲害〉

偶爾會遭到介殼蟲危害，遇襲時建議可以修除過密的枝條，將整體打薄。

樹籬（修剪前）

圓球狀（修剪前）

樹籬（修剪後）

青木

絲纓花科／常綠灌木

修剪時期 隨時，但建議於6月左右強剪

花期 4～5月

結果期 12月～隔年6月

病蟲害 廣翅蠟蟬科、介殼蟲、褐斑病

●青木是雌雄異株植物，由雌株結果。

在庭院中，青木獲得的雖然都是「花朵不吸引人」或「只有葉子」等不怎麼出色的評語，但它的葉子卻光滑美麗，且能在相當陰暗的環境下成長茁壯。青木的葉子在耐陰環境下反而不易晒傷，因此種在條件較差的庭院中也不用擔心。

只要種植有斑點的品種，就能在陰暗的環境裡散發明亮的氛圍。它們是雌雄異株，雌株會結出漂亮的紅色果實。

青木經常被種在容易遭到遺忘的角落，如果放任它長年生長而不加以修剪，樹枝會茂密叢生，滋生介殼蟲或廣翅蠟蟬科昆蟲。

修剪方法

為了避免葉子長得太厚重，建議經常整枝，讓整體更通風。

冬天要避免強剪。

❶遭介殼蟲危害的青木。

❷帶紋疏廣翅蠟蟬幼蟲好發於通風不佳處。

❸帶紋疏廣翅蠟蟬成蟲。

❹青木的褐斑病

這是由絲狀真菌引起的疾病，會使葉片部分變黑。

青木是耐陰植物，最多也只需要半日照環境。建議將長得較密集的枝條從地面剪去，但若是太旺盛或突出的樹枝，則剪去外芽正上方的枝條。

修剪前

修剪後

❺雄花
❻果實與雌花
❼在耐陰環境中種植青木，使整體氣氛顯得明亮活潑。

馬醉木

（別名：梫木）

杜鵑花科／常綠灌木

修剪時期　5～6月

花期　3～4月

結果期　9～10月

病蟲害　幾乎沒有。偶有褐斑病

據傳馬吃了這種植物就會醉倒，因此得名「馬醉木」。一直以來它都是有機農業中的「天然農藥」，只要將煮滾的萃取液和大蒜等混合後使用即可（作法請參考第37頁）。據說在花期時用它的花和葉子作成天然農藥，就能發揮最大的功效。馬醉木幾乎沒有病蟲害，至少我們就不曾看過。

它在半日照的環境下就能茁壯成長，但就算是全日照環境，只要種在排水性佳的非黏質土壤中，一樣能長得很健康。

馬醉木除了開紅花、白花外，也會開出粉紅色的花朵。當它老成以後，花朵就會像滿出來一樣盛開。

修剪方法

建議的修剪期爲5～6月，可以透過整枝調整形狀。

馬醉木的生長速度較緩慢，很容易放著就讓人忘記修剪。爲了防止它長得太高大，務必在長到剛好的大小時就要開始修剪，以免它長過頭。

修剪前

修剪後

盛開紅花的馬醉木

梔子花

茜草科／常綠灌木

修剪時期 6 月底～ 7 月

花期 6 ～ 7 月

結果期 11 ～ 12 月

病蟲害 大透翅天蛾

●生長在半日照的潮溼地區。

梔子花會在夏天綻放白色花朵，散發甜蜜的香氣。它的香味在溼氣重的日本聞起來尤其濃郁，而且入夜後更加濃烈。冬天時它們會從單瓣的花朵結出橙色的果實，可以在過年時用作栗金團等和菓子的染料。這種果實經常被棕耳鵯啄食，想必味道不錯吧。

修剪方法

花期結束後，就可以依自己喜歡的高度整枝，把整體修剪打薄。不過就算放著它不管也不會長得過於茂密，不用花太多心力。

病蟲害

大透翅天蛾的幼蟲食量很大，會拚命地啃食梔子花的葉子。牠的幼蟲是綠色的，因此不容易發現，建議發現後用免洗筷捕捉牠們再踩死。不過牠們羽化成蛾後，會宛如蜂鳥般美麗。

修剪前

每隻大透翅天蛾幼蟲在結蛹前，可以吃掉約 15 片梔子花葉子。

修剪後

瑞香

瑞香科／常綠灌木

修剪時期 6月底～7月

花期 2～3月

病蟲害 幾乎沒有。偶有蚜蟲、捲葉蛾蟲害、花葉病

●半日照植物。香氣芬芳。

在庭中花朵寂寥的2～3月，瑞香獨自芬芳地盛開著，如白花瑞香以及葉緣帶斑紋的覆輪瑞香等。這種品種只要種一段時間後就不適合再移植，因此一開始務必慎選種植地點。

種植時，最好選在排水性佳、沒有強風日晒的半日照環境爲佳。如果想把它種在較爲潮溼的地區，建議多鋪墊些土壤高植。

修剪方法

基本上它幾乎不會長得太雜亂，因此只要在開花後針對突出的枝條進行整枝即可。瑞香的壽命偏短，一旦葉子愈長愈小表示有可能快枯死了。因爲這種品種適合扦插，所以當6月底～7月新枝條長妥時，不妨將過密的枝條修剪下來，拿去扦插看看吧！

修剪前。將突出來的枝條依序行自然式修剪。

修剪後

紅花比較常見。白花的香氣則較弱。

粉團

（別名：雪球莢蒾）

五福花科／落葉灌木

修剪時期　1～3月初、5月底～6月

花期　5月中～6月初

病蟲害　黑肩毛螢葉甲、白粉病

●全日照

粉團起源自野生的高山植物，現已培育成園藝品種，會結出美麗的圓球形白花。它的花朵比麻葉繡線菊大得多，直徑可達7～10公分。由於不耐寒，只要太冷就可能產生枯枝，且吸水性不佳，不適合做成觀賞切花。

修剪方法

該年長出的新枝（新梢）會開花，因此不可剪除，而要徹底修整舊枝條。這種植物不適合截剪，得用整枝的方式處理。

病蟲害

黑肩毛螢葉甲不論幼蟲、成蟲都會啃食粉團的葉片。建議撒上薄薄的一層草木灰，或自製馬醉木液噴灑在葉子上。牠的天敵有螞蟻、黃蜂、螳螂、蜘蛛、青蛙和鳥類。

馬醉木液的製作方法

將一把馬醉木葉（最好還有花朵）放入1.8公升的水中，煮5分鐘左右至沸騰。放涼後加入10公克肥皂粉溶解，用布過濾。如果再加入大蒜芝麻油劑（第174頁），威力將更強效，連黑肩毛螢葉甲的成蟲都難逃一劫。

粉團。將長太長的枝條短截修剪。

長在山上的野生粉團。

黑肩毛螢葉甲的成蟲。

棣棠花

薔薇科／落葉灌木

修剪時期 11月～隔年2月（弱剪）、6～7月

花期 4～5月

病蟲害 幾乎沒有。偶有白帶尖胸沫蟬蟲

●全日照、半日照

棣棠花有單瓣和重瓣2種花型，還有葉子帶紋路的斑葉棣棠花等品種。在西式花園中經常可以看到重瓣的棣棠花與斑葉棣棠花。

如果不定期修剪，棣棠花就會長成很大棵，因此在種植時須預留足夠的空間。

雞麻和棣棠花同屬薔薇科，但不同種。棣棠花爲5瓣、葉序互生且喜歡全日照；而雞麻則爲4瓣花、葉序對生，可在介於全日照到半日照之間的環境生長。

修剪方法

在11月～隔年2月間，可將枯枝（清楚可辨識的褐色枝條）、雜亂的枝條與徒長枝從地面疏剪。此外，只要在修剪時適度保留細小的樹枝，就能爲整體營造柔和的氣氛。此時尚未開花，因此要採弱剪。花期結束後，即可在6～7月左右時將它強剪回較小的大小。

有時在公園看到的棣棠花，都被修剪成硬硬刺刺的感覺，應避免這種情況。

較老的植株應每隔4年修剪，作法是待5月中旬花期過後，將所有樹枝截剪到只剩地面上方15公分的高度，以促進樹木新生。

❶重瓣花型

❷和棣棠花不同種的雞麻花。

❸圖為棣棠花的果實。如果不管它的話就會自行實生並增生，因此建議盡量採集起來。

修剪後

修剪前

如果希望讓它保持一定的大小，可以每年疏剪即可。但若想把它修整得更小巧，建議每隔 4 年左右把它截剪成左圖這樣，僅剩離地面約 15 公分的高度即可。

修剪前的單瓣棣棠花。

在這種稍有空間的地方，可以先疏剪再行自然式修剪。

南天竹

小檗科／常綠灌木

修剪時期 隨時

花期 6月

結果期 11月～隔年1月

病蟲害 介殼蟲、花葉病

南天竹的「南天」在日語中帶有「轉機」的雙關之意，因此一直以來都被視爲吉利的庭院植物。據傳只要在枕頭下放幾片南天竹的葉子，就不會夢魘纏身。

冬天時它會結出一串椎狀的紅色小圓果實，在一片枯景中顯得非常亮眼。

南天竹的果實如果不經保護，很容易就被棕耳鵯、斑點鶇等喜食果實的鳥類吃掉，因此如果想把它們摘下來當作過年裝飾或插花使用，記得用網子罩住保護起來。

人們經常會在庭院集體種植一種紅色葉子的美麗品種，稱爲多福南天竹（別名五色南天竹、阿龜南天竹）。這種南天竹品種的高度僅50公分，經常種於小庭院或公寓入口，不過它幾乎不開花或結果。

多福南天竹

由於它長不高，因此便於打理。它的葉子一年四季都呈現紅色，可以點綴庭院，不過幾乎不會結果。

修剪方法

初夏時節，要徹底將過長的舊枝和分蘗枝從地面疏剪。

如果在夏季前把生長點修剪掉，南天竹就不會開花結果，因此要先預留生長枝。

結出果實的枝條在隔年就不會開花了，建議可以剪下用作花藝材料。

〈病蟲害〉

南天竹長得太密集就容易遭到介殼蟲侵害，尤其是形似霜淇淋的吹綿介殼蟲。

雖說澳洲瓢蟲是牠們的天敵，但由於野生種很少見，因此看到吹綿介殼蟲時須戴手套摘除。

另外，當葉子愈長愈細時，很可能已罹患花葉病。

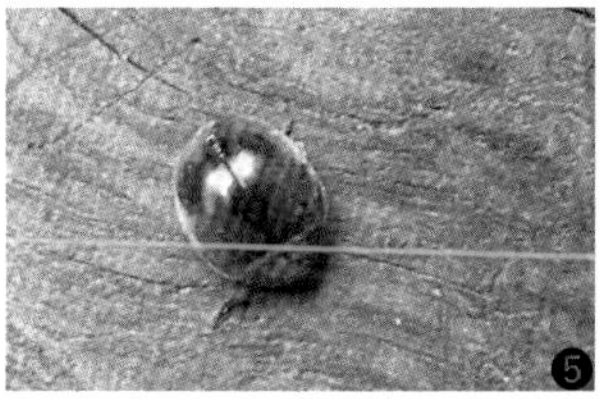

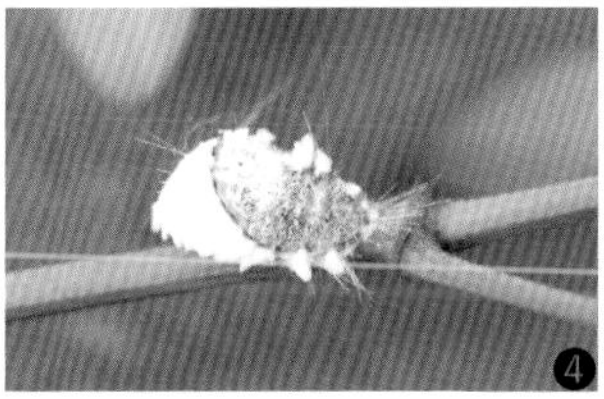

❶修剪前的樹枝過於擁擠，因此從地面向上強力疏剪。

❷花苞與花

❸花葉病

❹吹綿介殼蟲

❺喜食吹綿介殼蟲的澳洲瓢蟲

珍珠繡線菊

薔薇科／落葉灌木

修剪時期 4～5月

花期 3～4月

病蟲害 介殼蟲

●全日照

珍珠繡線菊開花時就像積雪的柳樹一樣美麗，但如果完全不打理，將導致徒長枝恣意生長，植株也會隨著增高而愈發厚重。由於它的根系會在庭院中不斷擴大，爲了避免影響周遭，必須每年用鏟子將周圍作斷根處理。

修剪方法

花期結束後約4～5月時，就可以執行強剪。此時僅須保留新梢，其餘則全部剪至地上10公分處。處理過後的珍珠繡線菊就不會細枝叢生，且會開出美麗的花朵。

若想花期過後欣賞它的綠葉，可以先從徒長枝下刀，由地面往上疏剪。

病蟲害

一旦種在陰暗處、各種灌木擁擠叢生時，就容易招致咖啡硬介殼蟲。紅點唇瓢蟲和黑緣紅瓢蟲是牠們的天敵（參考第111頁照片）。

修剪前

如果截剪成這樣將會減少開花，也無法散發珍珠繡線菊本身的韻味。

修剪後

如垂柳般的枝條開花貌

金絲梅／金絲桃

金絲梅：金絲桃科／半常綠灌木
金絲桃：金絲桃科／半落葉灌木

修剪時期　7月

花期　金絲梅6～7月、金絲桃5～6月

病蟲害　幾乎沒有

●金絲梅為全日照，金絲桃為半日照。

金絲梅和金絲桃都會開出淡雅的黃花，和綠葉相映成趣。

金絲桃花的雄蕊又長又蓬鬆；金絲梅花則沒有蓬鬆的雄蕊，整體看起來較圓潤。

最近在花店經常可以看到西德科特金絲桃，這是一種株型緊實且果實美味的品種。雖然花形近似中國產金絲桃，但西德科特金絲桃的起源卻是冬綠金絲桃。

金絲桃可以在半日照的環境下蓬勃生長。相對地，金絲梅則需要全日照環境，若日照量不足就不太會開花。

修剪方法

這兩種樹的樹形原本就自然呈現出蓬鬆圓潤，因此無需過多修剪，但長到太厚重時，建議從地面進行疏剪，並將重疊枝等剪除。

金絲桃花

修剪前的金絲梅

西德科特金絲桃的花形似金絲桃，結出的果實很漂亮。

金絲梅花

麻葉繡線菊

薔薇科／落葉灌木

修剪時期 1月、6～7月

花期 4～5月

病蟲害 蚜蟲、介殼蟲、白粉病

●全日照、半日照

麻葉繡線菊和粉團的日文名稱很相似，但卻不同科（參照第37頁）。麻葉繡線菊經常用於切花等花藝材料。

修剪方法

1月左右時可以修整雜亂處，待花期過後再從地面將徒長枝和老樹枝徹底疏剪掉。

病蟲害

這幾年來經常看到大量的咖啡硬介殼蟲，牠們的天敵是紅點唇瓢蟲和黑緣紅瓢蟲（參考第111頁照片）。

修剪後

修剪前

疏剪老枝條（左），右圖為疏剪下來的枝條。

胡枝子

豆科／落葉灌木

修剪時期　12 月～隔年 2 月

花期　7 ～ 9 月

病蟲害　介殼蟲、蚜蟲

●全日照、半日照

胡枝子是日本的秋七草之一，其花卉清新典雅，自古便備受喜愛。種植時建議給予充足的空間，以利它長出獨自的韻味，同時避免長過頭和其他植物互相干擾。如果庭院位在小石牆高處，就能在石牆外緣種植日本胡枝子，欣賞它迷人的優美垂枝。

不過若任憑胡枝子恣意生長，植株就會愈長愈大，最後成爲庭中的礙事植物，因此不可不慎。

修剪方法

12月～隔年2月間，截剪所有枝幹到離地面約5公分處，如此一來就能促進枝條新生，並抑制植株高度。

病蟲害

長得過密不透風時，較容易受到吹綿介殼蟲的侵襲。

❶花朵（提供者／香川淳）

❷白花日本胡枝子

❸掛在胡枝子上的優曇婆羅花。（實為草蛉蟲卵）

❹吹綿介殼蟲

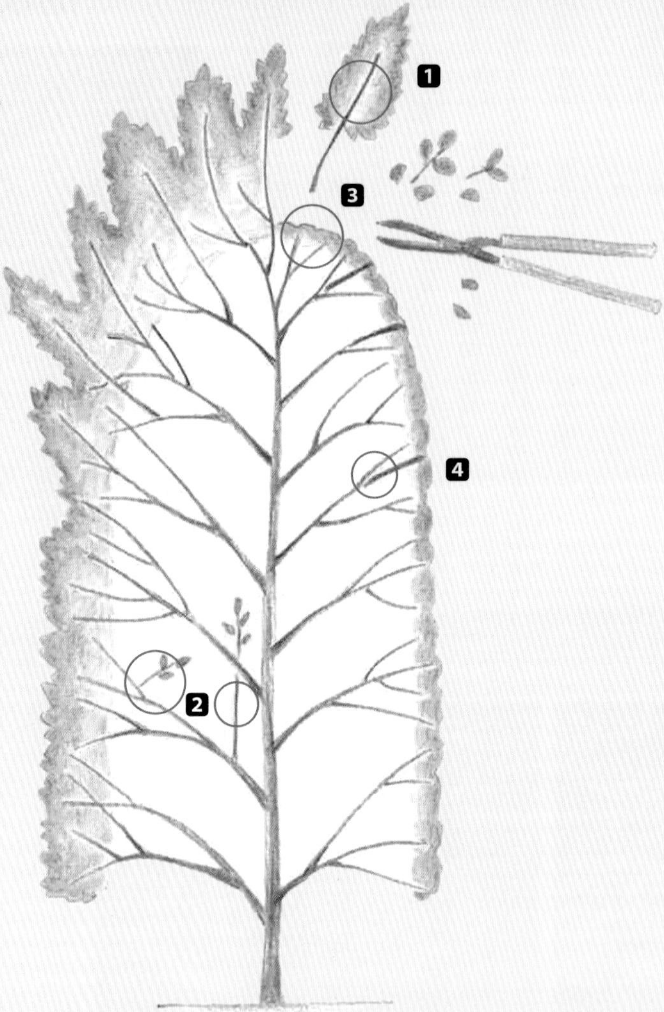

❶ 先修剪過粗的樹枝（頂部的紅色枝條）。❷ 若爲常綠闊葉樹，則修剪內側的糾纏枝與直立枝改善通風性。❸ 對頂部強剪，僅留下一點頂端的葉片。❹ 如果粗枝突出到表面（右側的紅色枝條），就將粗枝從出枝處切除。
修剪時建議由下往上修剪，較容易調整形狀。底部的葉子減少時樹枝將容易枯萎，因此可以採弱剪方式，盡量保留葉子。

截剪、整枝修剪

一般都會先透過截剪塑形，但光這樣無法阻止頂部愈長愈密、厚重。

此外，也不能以為截剪完就可以放著不管，否則下半部的枝條容易枯萎，並引發病蟲害。

因此，首先要強力截剪頂端的樹枝，改善它的通風性與採光，其他部位也要視情況截剪。

截剪也涵蓋自然式修剪法，不過首要任務還是以減少樹枝量為主。

山茶／茶梅

山茶：山茶科／常綠灌木～喬木，種類繁多
茶梅：山茶科／常綠大灌木

修剪時期 山茶花開後約 1 ～ 2 個月、茶梅 3 ～ 4 月

花期 花期依種類各異

病蟲害 茶毒蛾、蚜蟲、廣翅蠟蟬科、蓑蛾、植物癭、炭疽病、褐斑病

山茶和茶梅會在冬春之際開出美麗奪目的花朵，是庭院中備受重視的常綠植物。

它們的種類不一而足，而且還有山茶與茶梅的雜交種，因此經常難以區分。茶梅多半在晚秋到初冬間開花，但有一種叫寒椿（*Camellia sasanqua* cv. Hiemalis）的茶花是在冬天開花。硬要分的話，山茶花凋零時會整朵掉落，茶梅花則往往是一瓣一瓣飄落（不過也有花瓣會散落的山茶花種）。

另外，也有水平生長的這寒椿（*Camellia sasanqua* 'Haikantsubaki'），因爲樹形較低矮，所以經常規劃作小樹叢等。

開花後，日菲繡眼和棕耳鵯等鳥類就會來採食花蜜。

修剪方法

將生長旺盛的徒長枝從出枝處剪下，並觀察整體的平衡後，修整到和前一年差不多大小。塑形時，切忌將突出的枝條從中間剪斷，而是從向外長的葉片正上方下刀，看起來才不會像被腰斬一樣。當樹枝重疊厚重時，可以修剪掉其中任一交疊的枝條，整體就會清爽許多。若樹枝過密就容易遭到茶毒蛾危害，但又很難發現，因此容易釀成重大災情。建議將枝葉剪得通透，入冬後才容易找到茶毒蛾的卵塊，也更有利於清除。

如果時間有限，可以先用截剪專用剪刀修整外側樹形，再依序整理內側的糾纏枝和下垂枝。

它們通常在第二年長出花苞，因此若剪掉所有新梢，隔年就不會開花了。

山茶會從10月停止長新芽，直到3月蓬勃生長前的期間內都不可以強剪，以免樹木因此衰亡。不僅山茶和茶梅，只要常綠樹在冷季遭強剪，即有可能枯萎。

修剪後的山茶

修剪前的山茶

❶只截剪外側的山茶。雖已完成塑形，但整體仍過於茂密，容易滋生病蟲害。

❷在日本擁有高人氣的山茶。

❸白色山茶花也是茶席上很受歡迎的花藝材料。

❹長得像蘋果的山茶果實。

山茶花開後往往結果纍纍，建議盡可能採摘，以免樹木因果實留在樹上而變得衰弱。

茶毒蛾

山茶和茶梅經常可見茶毒蛾棲息。以人類來說，即使沒有直接碰到茶毒蛾，然而只要接觸到空氣中傳播的螫毛，就會發癢或發炎，因此在幼蟲期，亦即4～6月和8～9月間要特別留意。為此，在公共綠地或私人宅邸的庭院中，普遍會經常修剪山茶或茶梅，未種植的話則建議盡量避免加入這些樹種。山茶自古以來備受重視，又能做成茶油，從食品到美容等各行業都貢獻頗豐，因此該現況也是令人感到可惜。

如果山茶的葉子一下就被啃光，代表它的狀態已經很虛弱。健康的山茶不會輕易被吃到光禿禿的，且被茶毒蛾幼蟲蠶食時，還會釋放出類似求救訊號的物質，以吸引寄生蜂前來幫忙。若真的被吃到有點禿了，建議等到隔年春天觀察它能否萌發新葉，以判斷植株的存活。

長出新葉後，在4月底左右務必每天觀察，一旦發現茶毒蛾的幼蟲就要連葉摘除。若能撐到3～4月都不使用農藥，以自然的方式摘去葉片，樹木就會慢慢恢復健康。另外，如果能借助繭蜂的力量寄生在茶毒蛾卵中，將更有利山茶的修復。

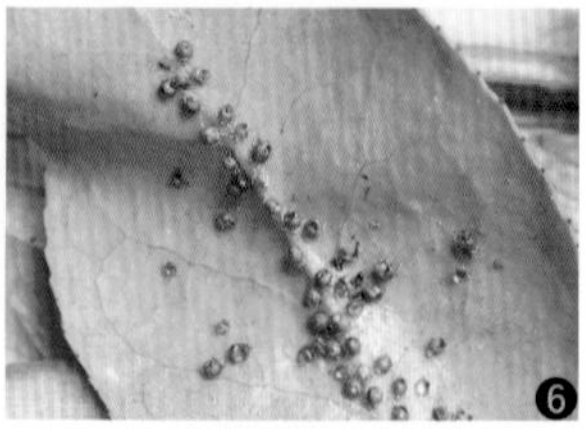

❺產癭後的山茶葉變得又白又圓胖，僅須將該部分剪除即可。
❻被寄生蜂做成「木乃尹」的殭屍蚜蟲。
❼蚜蟲喜歡新芽，尤其偏好從成長點等部位吸取汁液。
❽得褐斑病的茶樹。如果沒有蔓延成一片就不用太在意，只要剪去患病部位即可。
❾葉子發黃，看起來不太健康的山茶。也許是土壤問題、也許是根系衰弱，又或者是連年的夏季乾旱所致，難以鎖定原因。
❿依附在山茶上的蓑蛾幼蟲，又稱「蓑衣蟲」。牠擁有驚人的食慾，有時會把山茶樹吃得光禿禿的。

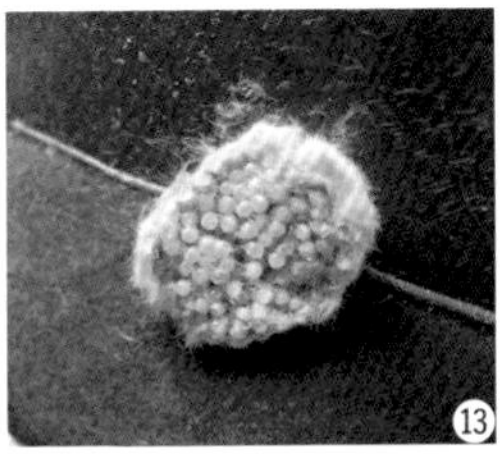

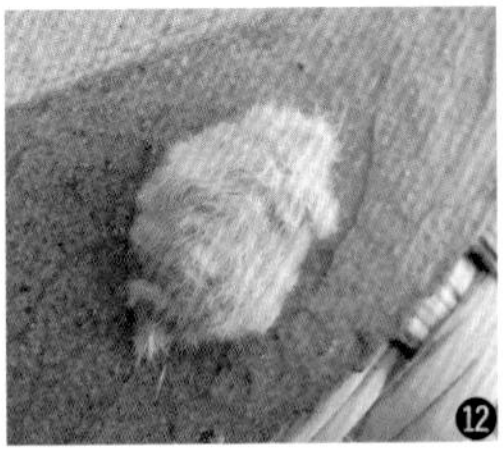

如果每年都遭到茶毒蛾侵襲，有可能是因爲土壤中含有過量的氮，應避免慣性堆肥。

⓫被茶毒蛾吃光的山茶。隔年雖然萌發薪芽，但葉片變小，樹勢萎靡。

⓬長得像被毛氈包覆的茶毒蛾卵塊。

⓭卵塊內有密密麻麻的蟲卵，有時會被卵蜂寄生。

⓮茶毒蛾經常出現在樹葉背面，因此可見糞便掉落到下方的葉片。

⓯茶毒蛾幼蟲。如果山茶的根部沒有被農藥與化肥摧殘，就能釋放類似求救訊號的物質，吸引寄生蜂前來幫忙。

⓰茶毒蛾成蟲。茶毒蛾從卵到成蟲、甚至是屍體，都讓人一碰到就發癢，因此務必小心。

⓱死於某種病毒下的茶毒蛾幼蟲。

⓲神祕死亡的茶毒蛾幼蟲。不知道死因和後面形似蜘蛛卵囊的白色圓球是否有關係……？

⓳寄生在茶毒蛾身上的成年黃蜂。由於牠們非常小，因此飛行時也很難被人類察覺。

⓴寄生在茶毒蛾幼蟲上的繭蜂成蟲，長得像米粒。

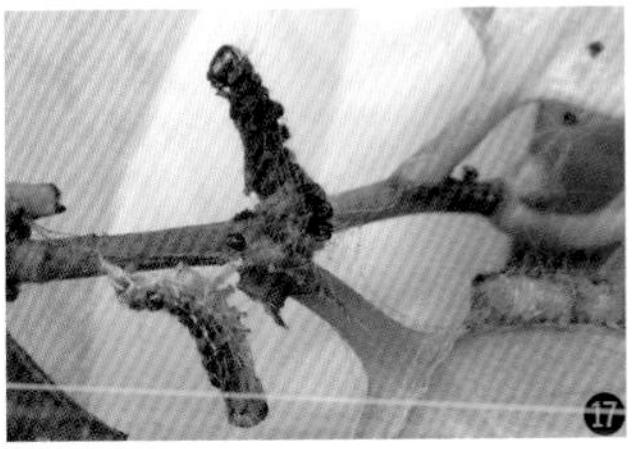

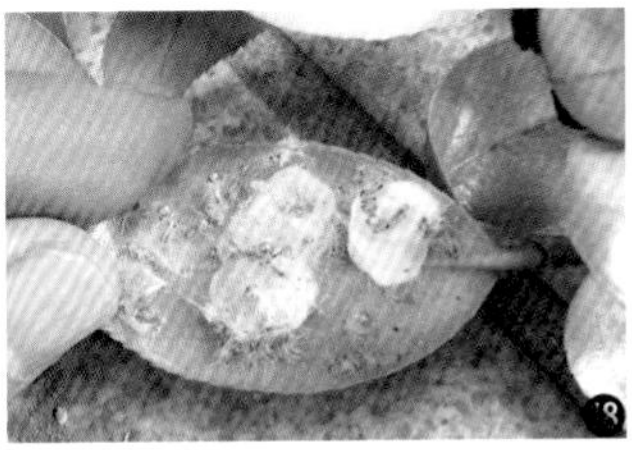

山茶的種類

山茶的種類號稱超過2000種，包括單瓣與重瓣等花型種類。

在日本有許多受歡迎的山茶種類，如原生種山茶、單瓣花型的侘助山茶等。重瓣花型中則有能開出像玫瑰一樣大朵的山茶、帶斑紋的山茶，還有開滿小巧粉色花朵的乙女山茶等，模樣十分可愛。

此外也有一些變種山茶，比如果實鮮紅的蘋果山茶（屋久島山茶），以及葉片形似金魚尾鰭裂縫的金魚葉山茶等。

㉑茶梅　㉒洋種山茶「粉紅大理花」　㉓金魚葉山茶
㉔岩根絞　㉕紅色重瓣花型　㉖乙女山茶　㉗太郎冠者
㉘白山茶花　㉙紅唐子

金魚葉山茶的葉子。葉子尖端的裂縫長得就像金魚尾鰭般。

茶梅門廊

這是相當罕見的茶梅門廊。在日本通常會看到松樹或羅漢松種在大門，幾乎沒有種茶梅。這個範例的屋主已過世，由於他熱愛庭院，因此親自照料這棵樹，並花了很長的時間引導茶梅樹幹長成優美的弧線，令人感佩。

一般會用大樹剪來修剪茶梅的枝幹，但配合客戶時間後只能在開花期內修剪，爲了確實保留花苞，便一直用修枝剪進行所有打理。

要使整棵樹形輕透通風，就必須剪去中間的樹枝，並且均勻修飾表面，維持良好日照與通風。

切記不要將樹枝從中間攔腰剪斷，以免看起來參差不齊。

自從用這種修剪方式打理後，不但茶毒蛾的侵襲變少，保護茶梅的寄生蜂也開始出現，使整棵樹免受害蟲侵擾。大約持續5年後，茶毒蛾終於不再出現。以上在在說明修剪方法的重要性。

非常罕見的茶梅門廊，圖為修剪後的模樣，
為了順利開花故保留許多花苞。

丹桂

木樨科／常綠大灌木

修剪時期 開花後～3月

花期 9月底～10月初

病蟲害 雖是抗性較強的樹種，偶爾會遭小褐偽瓢葉蚤、介殼蟲侵襲

●半日照。香氣強烈

丹桂常見於日式庭園，每當秋風捎來它們的甘甜香氣，就更添濃厚的秋意。這種植物對病蟲害抗性強、可塑性又佳，因此經常種在庭院中用於遮蔽，還可以釀酒。

丹桂從全日照到耐陰的環境都能生長，但在乾燥的環境中會長得比較頹弱。另外，如果處在完全遮陰的環境中，可能一味徒長導致不新生枝條和葉芽，也不會開花，建議還是種在半日照的環境中最合適。

此外，還有開黃花的金桂以及白花的銀桂等。據說日本的丹桂全部都是雄樹，因此不會結果。如果碰巧看到結果的，應該是金桂或銀桂。

修剪方法

首先用大樹剪強力塑形，可以著重於樹頂部位強剪，接著積極整理中段過密的枝條，將樹打薄直到稍微可以看見背後的風景，既減輕厚重感，也可改善通風性與日照量。丹桂非常耐強剪，如果不想讓它長得太大，也可以將其完全修整得小一點，待其重新生長。

強剪須在初冬以前完成，如果在寒冬時才把它剪得光禿禿的，可能會害丹桂枯死，不可不慎。若在4月之後修剪，一旦把花苞剪掉，入秋後就不會開花了，因此最晚要在花期結束後到3月間完成修剪。

病蟲害

丹桂有可能被小褐偽瓢葉蚤的幼蟲和成蟲啃食，這種昆蟲多半以齒葉木犀的葉子為食，雖然不至於受到太嚴重的傷害，但還是小心為上。

修剪後

修剪前

背後較高的樹木為丹桂

如果只進行截剪，直立枝和粗枝可能會長得愈來愈顯眼，因此也要整枝。雖然要以強剪保持樹形，但也得留意不過度修剪朝北的枝條與下方的樹枝。

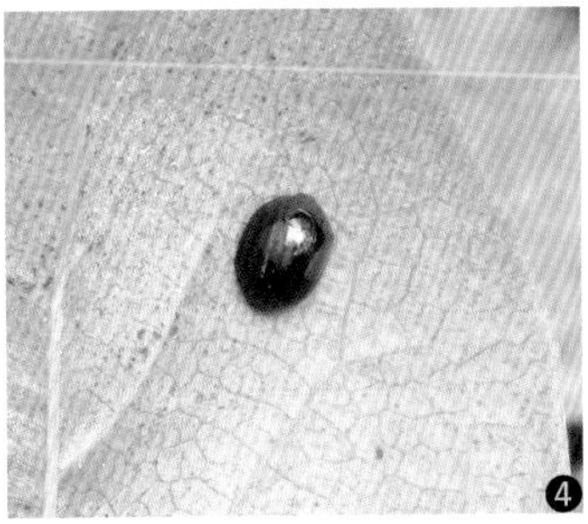

❶丹桂花（提供者／香川淳）

❷金桂果實

❸螞蟻與介殼蟲

❹小褐偽瓢葉蚤成蟲；丹桂的葉子有時候也會被啃食（照片並非丹桂的葉子）。

青剛櫟屬

山毛櫸科／常綠喬木

修剪時期 6～7月、10～12月

花期 4～5月

結果期 11月

●蚜蟲、小青銅金龜、白粉病、褐斑病

青剛櫟、小葉青岡、烏岡櫟、長果錐等青剛櫟屬的植物基本上都會長很大，因此如果完全不打理將很難維持在合適的大小，建議不要種在狹窄的庭院裡。

有些人覺得橡實可愛就想種植這些植物，但若既不修剪也不打理，它們也不會結出橡實。因此種植青剛櫟屬植物前，最好謹慎考慮。

修剪方法

雖然許多人在夏天前就對它們進行強剪，但待入夏長到枝繁葉茂後，它的蒸散作用與樹蔭有利乘涼。因此夏天時不妨修剪徒長枝就好，等入秋後再好好整枝。

有些地區也會種青剛櫟屬植物作爲擋風的高牆，但如果想打造成樹籬的話就要定期截剪。由於它們容易發生白粉病，因此要經常剪掉重疊枝以改善通風性。

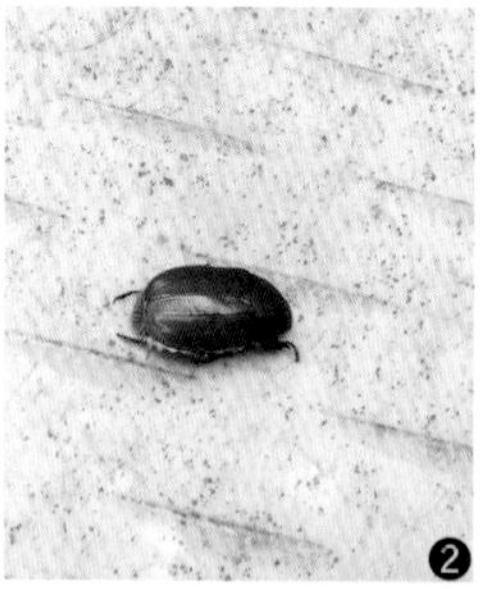

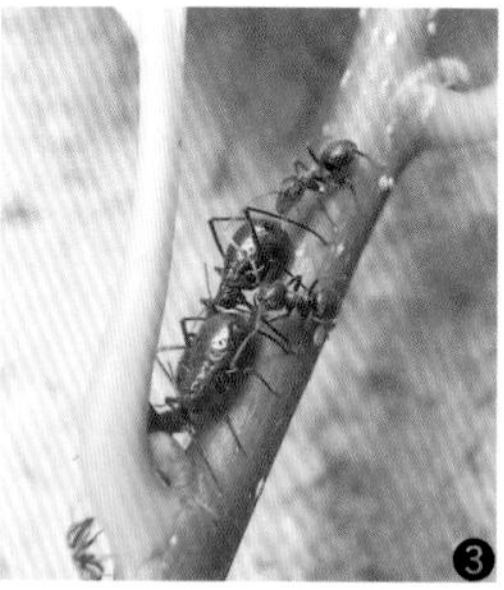

❶被小青銅金龜啃食後的青剛櫟葉片

❷小青銅金龜

❸板栗大蚜也經常出沒在青剛櫟屬植物上。

❹棕耳鵯的巢。這是牠們於7月底時，在小葉青岡樹高度1.5公尺處築的巢。雖然牠們在外側用大量的塑膠繩包覆，但在要產卵的內側仍然只使用天然素材，相當聰明（主要取材自棕櫚）。即使牠們酷暑中下了3顆蛋，但還是不離不棄地持續抱卵。

修剪後的青剛櫟

樹枝末梢會有細枝叢生，因此要修剪至通風良好狀態。如果長出過多幹頭枝時，樹勢可能會轉為頹弱，此時要多保留點葉子稍作觀察。

修剪前的青剛櫟

修剪後的長果錐

修剪前的長果錐

修剪後的小葉青岡

修剪前的小葉青岡

❺烏岡櫟，長出 5 片車輪狀的葉子。容易罹患白粉病和褐斑病。

❻烏岡櫟的樹籬

含笑花

（別名：笑梅、香蕉花）

木蘭科／常綠喬木

修剪時期　6～7月、若希望開花則在2～3月

花期　4～6月

病蟲害　幾乎沒有；偶有介殼蟲。

●半日照。香氣濃郁

含笑花的花香聞起來帶有香蕉的甜味，因此又稱香蕉花，會在秋天結出紅色果實。儘管在日本有種名爲烏心石的固有種，但近年在庭院看到的幾乎還是以含笑花爲主。在日文裡，其漢字別名寫作「唐招靈」。

含笑花不耐寒。雖說可以種在介於全日照和半日照間的環境，但還是以半日照最爲合適。

修剪方法

一般在6～7月間修剪，只要通風良好就幾乎不會發生病蟲害。由於入夏後會馬上長出花苞，因此建議的修剪期間較短。長勢旺盛的徒長枝不會長花芽，因此可以將它們全部剪短，只留下3～6枝。

若要確保花朵盛開，建議在2～3月檢查花苞，並集中弱剪徒長枝。

含笑花的生長相對緩慢。

修剪前

散發香甜氣息的含笑花，故又名香蕉花。

修剪後

齒葉木犀

木樨科／常綠大灌木

修剪時期　3～4月、11月

花期　10～11月

病蟲害　小褐僞瓢葉蚤

●半日照植物。據說是柊樹和銀桂的雜交種。

齒葉木犀爲雌雄異株的植物，幾乎都是雄株爲主。和柊樹類似，它的葉子邊緣帶有鋸齒狀，碰到會有點刺痛，因此經常打造成樹籬以防盜。

它的花朵開得並不突出，香氣也是木樨科中較淡的，所以就算在5月到秋季之間修剪，也不用擔心欣賞不到花景。

修剪方法

首先用大樹剪來截剪塑形，接著再將茂密處與內側枝條均勻整枝，改善通風性。要點是對頂部強剪，對底部採弱剪。

病蟲害

近年來，小褐僞瓢葉蚤的幼蟲與成蟲啃食問題愈發嚴重，破壞樹木的整體美感。牠們和捕食蚜蟲的紅點唇瓢蟲長得很像，差別在於靠近後，小褐僞瓢葉蚤會像跳蚤一樣跳走。

小褐僞瓢葉蚤喜食新芽，因此其中一個可行的辦法是僅保留舊葉，直接剪去春季和秋季的新葉，只是這樣可能會導致樹勢逐漸萎靡。另一種方法是在溫暖的季節不修剪，避免樹木因修剪促進發芽，待冬季休眠期再行修剪。

小褐僞瓢葉蚤對柊木的危害也很嚴重，對丹桂和日本女貞亦造成些許災情。據我們觀察，這種蟲害對其他耐陰植物並不嚴重，或許是齒葉木犀經常被種成朝南的樹籬，過多的陽光違背它們半日照的習性，所以樹勢衰弱後容易引發蟲害。

防治方式是在冬季清除所有落葉，以免成蟲在落葉下成功過冬。越冬後的成蟲會在早春現蹤，經交配產卵後，孵化的幼蟲便會躲在葉片中潛食，直到結蛹前才會爬到地面。最好避免噴灑農藥，讓庭院中保有黃蜂、螳螂、蜘蛛、青蛙和鳥類等天敵自然除蟲。

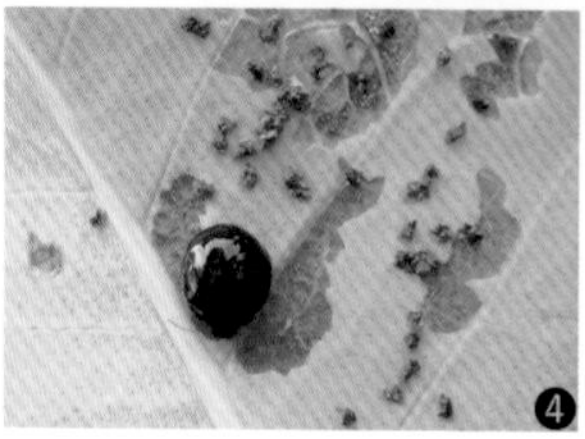

❶修剪前，已可見啃食的痕跡，此時宜弱剪並盡可能保留葉子。
❷花（提供者／香川淳）
❸遭啃咬後的齒葉木犀葉片。
❹小褐偽瓢葉蚤的成蟲，一邊排糞一邊狼吞虎嚥地進食中。

冬青衛矛

衛矛科／常綠大灌木

修剪時期 6～8月、11月～隔年2月

花期 6～7月

結果期 12月～隔年1月

病蟲害 中國毛斑蛾、大葉黃楊尺蠖、白粉病

冬青衛矛在進入4月後萌發新葉，清新的綠意令人目不暇給。它可以在耐陰處生長，又是常綠植物，因此經常被栽植爲向北的樹籬。近年來爲了讓庭院增添明亮感，帶有斑葉或萊姆綠色的黃金冬青衛矛成爲廣受歡迎的彩葉種。棕耳鵯、斑點鶇、黃尾鴝喜食它們的果實。

修剪方法

以大樹剪修剪塑形，修除太茂密的樹枝，以維持良好通風性。

修剪後（斑葉冬青衛矛）

首要工作是整枝塑形。冬青衛矛好發白粉病，因此要剪去過於茂密的樹枝，保持通風，並讓整體看起來更協調。

修剪前（斑葉冬青衛矛）

病蟲害

好發白粉病，因此建議整枝保持通風。只要不噴灑農藥，就能吸引食菌的柯氏素菌瓢蟲（參考第84頁照片）幫忙吃掉白粉菌。

如果是小株的冬青衛矛，可以用水將醋稀釋25～50倍後，用抹布沾醋水一片片擦拭葉片的正反面。如果嫌麻煩，也可以噴灑問荊萃茶（參考第175頁）。如果有用廚餘製作堆肥的習慣，還可以播灑堆肥茶（參考第175頁）。

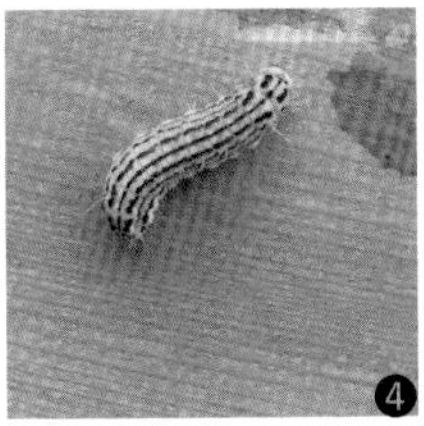

❶黃金冬青衛矛。

❷紅點脣瓢蟲。雖說牠也喜食介殼蟲這種害蟲，但在這張照片中牠正忙著吃白粉菌。

❸從幼蟲開始啃食葉子的大葉黃楊尺蠖。

❹中國毛斑蛾幼蟲。會對冬青衛矛造成危害。

火刺木

（別名：火棘）

薔薇科／常綠灌木

修剪時期 6月底～9月

花期 5～6月

結果期 10月～隔年2月

病蟲害 介殼蟲、蚜蟲、舞毒蛾、捲葉蛾、蘋掌舟蛾

●火刺木的果實經常吸引棕耳鵯啄食

火刺木夏天開美麗的白花，冬天結出小巧可愛的紅色果實。一旦少了果實的幫襯，可能就沒多少人會種植這種充滿荊棘的樹木。它的刺棘令人畏懼，夠銳利的話甚至可以直接刺穿分趾鞋或鞋底。我就有過被火刺木銳刺劃破、撕破衣服，甚至刺到流血的經驗。

一般它們剛結果時不會馬上被鳥類吃掉，但到1～2月間就能經常看到被棕耳鵯啄食的畫面了。此外，火刺木果實也深受灰喜鵲、日菲繡眼、斑點鶇和黃尾鴝等鳥類喜愛。牠們之所以要放到年後才吃，據說是因爲果實的毒性要經過一段時間才會減弱的緣故。會結出黃色果實的樹種爲「窄葉火棘」。

修剪前

長到爆滿的火刺木

修剪後

把過於茂密的地方整枝修剪後

修剪方法

修剪火刺木的粗枝會導致枝條向四面八方伸展，甚至加速它們的生長。爲避免此狀況，一旦看到冒出徒長枝就要剪掉，等於每年都要修剪2～3次。修剪

時要小心被荊棘刺傷，務必穿戴厚皮手套和長袖長褲，全副武裝後再開始。

建議從還很小株的時候就要幫它們修整形狀。由於花苞會在開花的前年從短樹枝上長出，因此須經常短截修剪，勿放任不管。同時還要特別留意徒長枝，不能放到它們變粗後才修整，以免每年都會從切口長出新的徒長枝。就我們的經驗，火刺木似乎不適合以整枝來打理。

病蟲害

火刺木是昆蟲愛吃的薔薇科植物，因此即使普遍認爲它們不易受病蟲害侵擾，不同害蟲啃食的畫面也歷歷在目，如舞毒蛾或蘋掌舟蛾幼蟲等等。

舞毒蛾喜食各類樹種，但我曾看到牠們出現在楸子樹上後，隨即被蠍蛉吸食汁液而亡。另外也看過大量的舞毒蛾幼蟲，死於噬蟲霉菌後的屍體。

除上述外，捲葉蛾幼蟲也是愛吃火刺木的害蟲之一。

❶蘋掌舟蛾的初齡幼蟲為紅褐色，喜食薔薇科植物。
❷蘋掌舟蛾的終齡幼蟲。捲起來的樣子像似日本屋頂的魚虎雕飾一樣，刺毛很長但無毒。
❸蘋掌舟蛾成蟲。
❹舞毒蛾幼蟲。雖無毒但常見於各種植物 。
❺產卵中的舞毒蛾成蟲。
❻舞毒蛾卵囊。
❼死於噬蟲霉菌的舞毒蛾幼蟲。
❽舞毒蛾幼蟲的天敵——蠍蛉。
❾長在火刺木棘尖端的優曇婆羅花，真實身分為草蛉的卵，孵化後的幼蟲會大肆捕食蚜蟲。

全緣冬青

冬青科／常綠喬木

修剪時期 6～7月、11～12月

花期 4月

結果期 11月

病蟲害 捲葉蛾、介殼蟲、蚜蟲、白頂突峰尺蛾、煤煙病

●從耐陰到全日照環境都適宜

全緣冬青在傳統庭園中相對常見，並且經常被修剪成球簇狀（第143頁）。不過在自然風格的庭院裡，如果把樹葉修剪成許多渾圓的球體會略顯突兀，因此建議還是以整棵樹爲單位來修剪較合宜。

修剪方法

許多人僅會幫全緣冬青截剪，其實截剪完後，還可以從底部剪掉下垂枝與直立枝，並把外緣過密處剪得更通風，以維持整體枝條的平衡性。通風性和日照量改善後，也比較不易有病蟲害。

病蟲害

照片中的全緣冬青遭到紅蠟介殼蟲啃食嚴重。我先把牠們仔細刮除，再用醋水（第61頁）一片片擦拭由蚜蟲排泄物引發的煤煙病葉後，樹終於恢復了生氣。在修剪改善日照和通風環境後，就再也沒有遭受進一步的危害。

白頂突峰尺蛾的幼蟲算是大型尺蠖，同樣也會啃食全緣冬青（參考第80頁照片）。

修剪前

紅蠟介殼蟲

修剪後

光葉石楠

薔薇科／常綠大灌木

修剪時期　2月、7月、12月

花期　5～6月

病蟲害　福晉氏琉璃天牛、胡麻枯葉病

在光葉石楠的樹種中，葉片鮮紅的個體總稱爲紅葉石楠，別名紅羅賓。這種雜交種會長出紅色的新芽，不但樹勢旺盛且葉片又大，萌芽力強勁。光葉石楠和紅葉石楠經常被打造成樹籬。

這兩個樹種的新芽每年都會染紅2次，開出一簇簇用淡粉色點綴的半圓形白色小花，但因爲多半會被修剪掉，因此少有機會目睹它們盛開的姿態。

〈修剪方法〉

通常較少見到它們被單棵種植，但無論是單種還是樹籬，一年至少都要修剪2～3次（避開盛夏），

修剪後

修剪前的光葉石楠樹籬

❶光葉石楠的花朵

❷紅羅賓的新芽

❸胡麻枯葉病

❹福晉氏琉璃天牛的幼蟲糞便

修剪後再將過於茂密處整枝。

單種時如果只截剪表面，還是會給人過於茂密的厚重感，因此要將頂端整枝打薄，以改善通風性與日照量。不能讓它恣意生長，以免長得過於巨大。

病蟲害

近年來，因胡麻枯葉病導致光葉石楠掉葉的情況屢見不鮮。這種病的病原是絲狀眞菌，只要靠太近就很容易透過菌絲傳染，因此對於樹籬的危害特別嚴重，建議避免用光葉石楠打造新的樹籬。

另外，我有時會在樹枝上看到類似磨損的亞麻線，那其實是福晉氏琉璃天牛的幼蟲糞便。雖然此情況不一定代表樹木會枯死，但樹木容易變得脆弱，增加枯萎的可能性。一旦發現牠們的糞便，請先檢查庭院並撲殺成蟲。其天敵有鳥類、蜜蜂和寄生蜂等，成蟲有時也會因感染巴氏蠶白僵菌而死亡。只要勤於修剪確保通風性，就能讓環境充滿害蟲的天敵。

厚皮香

五列木科／常綠喬木

修剪時期 6～7月、10～11月

花期 7月

結果期 10～11月

病蟲害 厚皮香捲葉蛾、介殼蟲、煤煙病

●半日照、全日照

厚皮香自古以來就是日式庭園的愛用樹，經常會被修飾成球簇狀（第143頁）。舊時的庭院經常會種植松樹、全緣冬青、厚皮香、羅漢松等當主樹，剛好它們的日文名稱又都以字母M開頭，所以蔚爲流行，但現在於庭院種植這些樹種的人已經不多。

修剪方法

它們的主幹生長緩慢，但每根細枝都垂直生長，至少每年也得修剪1次，否則樹木會嚴重徒長，最後難以再重新塑形。厚皮香的特徵是樹枝的尖端容易長成直立枝，且枝頭可能從單點變成輪生枝、3叉枝條

修剪後

修剪前

樹頂處經常枝條叢生，必須狠下心好好修剪粗枝。如果久未打理，建議先將勢頭正盛的樹枝採自然式修剪，再行截剪為佳。

❶散發幽微清香的花朵。

❷厚皮香捲葉蛾幼蟲。牠們會吐絲捲起葉片後潛藏其中，在捲葉內排泄一堆糞便。

等等，建議修剪時至少留下2枝即可。如果它們長得夠大，可以先截剪再整枝打理。如果厚皮香長太大，可以先截剪，再打理過於茂密的樹枝。

病蟲害

有時會遭到厚皮香捲葉蛾的危害。

輪生枝的修剪方法

❸修剪前，從小樹枝放射出 5 根枝條。

❹～❻用修枝剪刀從枝條分岔處下刀，均勻剪到剩下 2 根樹枝。

❼修剪後

日本黃楊／黃楊木

（別名：錦熟黃楊）

黃楊科／常綠灌木～大灌木

修剪時期 6～7月、9～11月

花期 3～4月

病蟲害 黃楊木蛾、蘋黑痣小卷蛾、葉蟎、拉維斯氏寬盾椿象、小褐偽瓢葉蚤

●半日照、全日照

日本黃楊和黃楊木經常被修剪成圓形、方形、螺旋狀，或是鳥和動物等綠雕藝術，適合種在花壇邊緣，或做成樹籬。

日本黃楊在以前經常被修飾成一團團的球簇狀（第143頁），圓葉造景一時大行其道，但近年來有點沒落。

黃楊木則是從1970年代開始成為庭園植物的寵兒，由於可以被修剪成箱形，因此在英日文都被稱作箱形木，又名錦熟黃楊。它的葉色比日本黃楊更明亮，厚度也較薄，營造出輕柔的氣氛，適合種在洋風的庭院裡，可惜的是它易遭黃楊木蛾嚴重肆虐。

修剪前的日本黃楊。

如果樹勢旺盛，可以就日照充足的部位進行強剪，對下方與面北側較少日照的枝條弱剪。若樹勢較為平穩，建議對整棵樹先採取弱剪，多保留點葉子觀察看看。

修剪後的日本黃楊

修剪後的黃楊木

修剪前的黃楊木

修剪方法

基本上對日本黃楊和黃楊木都採截剪，如果每年定期截剪，則只要剪掉當年長勢過盛處即可。另外，對樹頂須施以強剪，太茂密時再適時整枝。若冒出粗枝或幹頭枝，再以修枝剪刀剪去。

❶蘋黑痣小卷蛾幼蟲。由於是捲葉蛾的一種，顧名思義會將葉子捲起來。 ❷進食中的黃楊木蛾幼蟲！ ❸黃楊木蛾幼蟲的啃食痕跡。 ❹拉維斯氏寬盾椿象終齡幼蟲。在幼蟲長到終齡之前，都常在庭院現蹤。 ❺拉維斯氏寬盾椿象成蟲。以前據傳不論幼蟲或成蟲都吃日本黃楊葉，現在知道牠們還會吸取各種植物的汁液。 ❻小褐偽瓢葉蚤成蟲。牠們的幼蟲和成蟲多半啃食齒葉木犀，這裡卻不知為何在吃日本黃楊。

COLUMN

令園藝師欲哭無淚的「凸窗」

凸窗曾一度流行，由於不一定會被計入建蔽率中，因此有些家戶採用這種設計，希望盡可能增加房屋空間。然而，正是這種凸窗讓園藝師感到欲哭無淚。因為它會阻礙通行，除了不易進出外，也難以搬入工作梯，要取出裝滿剪枝的垃圾袋時還會被勾到。我在凸窗下除草或清掃時，經常在站起來後猛然撞到頭，嚴重時還因此流血，各種慘況簡直罄竹難書。想必是當初在蓋房時，沒有考慮到園藝師進出庭院的動線才導致的。這種空間連我們都不易從事園藝，對屋主而言一定也很難用，因此不可不慎！

狹窄通道中的凸窗。這裡不易攜帶工作梯進出，還要花一番工夫才能取出裝滿樹枝的垃圾袋。

檵木

金縷梅科／常綠大灌木

修剪時期 6月

花期 5月

病蟲害 廣翅蠟蟬科、白粉病

金縷梅科通常爲開黃花的落葉植物，但檵木卻是常綠植物，開的還是乳白色的小花。近年來盛行的紅花檵木則會綻放鮮紅色花朵，不但經常被打造成樹籬，也有人直接單株種植。它們在日照充足時開花狀況最佳，但不喜歡夕陽。

修剪方法

它們的萌芽力強，容易冒出醒目的徒長枝，因此要先將勢頭正盛的枝條從源頭剪去，再進一步截剪。檵木對強剪的耐受力強，不過截剪完後會叢生得更茂密，並容易招來青蛾蠟蟬的幼蟲，因此建議修剪樹頂的枝條。

修剪前的紅花檵木。

先截剪再塑形。剪掉茂密的樹枝後，再將整體修飾得更均勻，並改善通風性。如果有較粗的徒長枝，建議在全面截剪前先把它從出枝處剪掉。

修剪後的紅花檵木。

紅花檵木的紅花。

COLUMN

杜絕蜂巢

我認識一戶人家種了棵6公尺高的夏山茶樹，每年都吸引擬大虎頭蜂來築巢，彷彿是牠們的風水寶地一樣。

回想以前到加拿大學習園藝療法時，我曾被帶到間主打英式下午茶的開放式咖啡廳。在大院子裡優雅地品茶和三明治時，我注意到樹上到處都掛著棕色的袋子，詢問店員後才知道那些都是「驅蜂」包。據說只要掛上蜂巢形物品，就能打消蜜蜂築巢的念頭。

借鑑此經驗，我嘗試將五金行販售的椰子殼掛在夏山茶樹上後，就再也不見擬大虎頭蜂前來築巢了。如果樹上本來就有蜂巢，其他蜜蜂似乎就會避而遠之。

我相信這種對策對長腳蜂也有效，不過長腳蜂不像胡蜂科的擬大虎頭蜂那麼兇猛，又會幫忙捕食毛毛蟲，因此如果牠們築的巢和人類生活動線不重疊，倒是可以多加保留。

驅蜂椰子殼。

擬大虎頭蜂巢。

修剪作業時發現的長腳蜂巢，最後決定保留。

落葉樹的修剪方法

修剪前

修剪後

一般會在落葉期對落葉樹做主修剪和大幅度的強剪。由於許多開花樹木、果樹在這個時期已經長出花苞，因此要記得保留這些樹枝，並特別小心不要過度修剪細枝和短枝，免得不小心剪掉花苞。在春天到6月進入初夏之間，由於樹枝已過了生長季，應避免再行強剪。如果該樹種的看點不是花或果實，也可以在落葉期前先強剪，藉此減少落葉量。

圖中省略了樹枝尖端，但只要盡量保留柔軟的細枝，就有助於維持樹的形狀。

自然式修剪

只要留下柔軟的樹枝，去除粗壯、生長旺盛的樹枝、徒長枝、向內或向下長的下垂枝和纏結的樹枝等，就能讓樹形更為自然，我把它稱作「自然式修剪」。

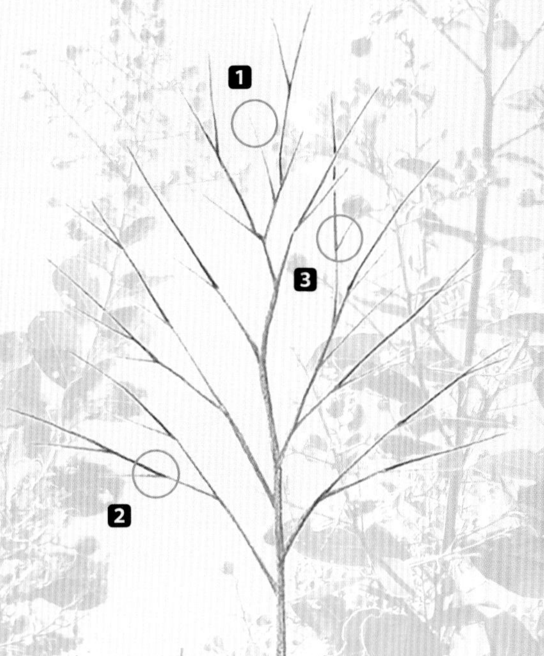

修剪

❶ 修剪基本上始於樹頂。首先確立樹的高度，以自然式修剪保留樹頂中央的枝條，再依序向下修剪，記得同時兼顧樹形與樹枝分布。❷ 剪掉所有標示紅色的樹枝，並從最長的樹枝開始往下修剪。❸ 如果判斷將直立枝砍掉後會導致形狀失衡，記得採自然式修剪法。若枝條無法順應自然形狀做修整，則採短截修剪。對粗枝完成自然式修剪後，待整體樹木輪廓清晰時，就能進一步剪去糾纏枝等不良枝。

常綠樹的修剪方法

修剪前

從春天到 6 月進入初夏時，樹枝的生長趨緩，適合全盤修剪得更通風。有的樹種一旦經過強烈日晒，再被修剪可能導致樹幹裂傷，因此小心不要剪過頭。建議也可以從 9 月中後開始修剪，只要它們在夏季多長一點，就有助於庭院降溫。入秋後樹枝就幾乎不會再生長，因此樹形可以撐到隔年不衰。

修剪後

圖中省略了樹枝末梢，但盡可能保留多一點柔軟的細枝將有助於維持樹的形狀。

有些樹形（尤其是生長在南方的樹種）不適合在冬天強剪，否則可能導致枝幹死亡，務必小心。

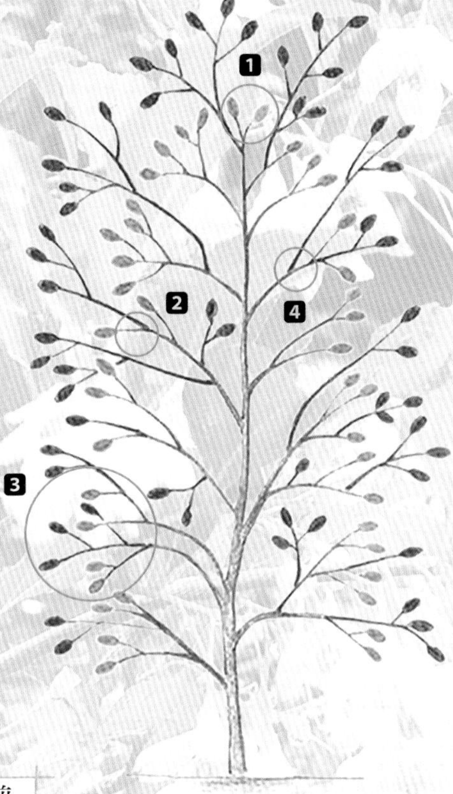

修剪

■1 修剪基本上始於樹頂。首先確立樹的高度，以自然式修剪保留樹頂中央的枝條，再依序向下修剪，記得同時兼顧樹形與樹枝分布。■2 剪掉所有標示紅色的樹枝，並從最長的樹枝開始往下修剪。■3 如果判斷將糾纏枝砍掉後會導致形狀失衡，記得採取自然式修剪法。若枝條無法順應自然形狀做修整，則採短截修剪。■4 將粗枝完成自然式修剪後，待整體樹木輪廓清晰時，就能進一步剪去糾纏枝等不良枝。

柑橘類

香橙／金柑

香橙：芸香科／常綠喬木
金柑：芸香科／常綠灌木

修剪時期 香橙 10 月、金柑 3 ～ 5 月

花期 香橙 5 月、金柑 6 月底～ 8 月

結果期 香橙 11 ～ 12 月（8 月左右即可食用半熟的香橙）、金柑 2 月初～ 5 月中

病蟲害 介殼蟲、蚜蟲、柑橘鳳蝶、黑鳳蝶、廣翅蠟蟬科、柑橘潛葉蛾、煤煙病

●全日照（香橙也可適應半日照環境）、溫暖地區

柑橘類植物適合在溫暖地區種植，尤其是陽光充足的地方，但不喜西晒，也不耐強風。即使在半日照環境生長，香橙照樣能結出果實。

通常會從前年（春天）萌發的枝條末梢長出花苞，接著開花結果，但如果前年已結果，則該枝條就不會再長花苞。

香橙在日本可細分爲花柚子和本柚子，本柚子表面凹凸不平，但比花柚子大且香氣濃郁，適合入菜。香橙可以壓榨成醇厚鮮美的柚子醋，風味和醋截然不同。

如果因爲採收太多香橙而苦惱，不妨做成香橙果醬或香橙蜜。我曾經將香橙籽浸泡在清酒中製成化妝水，使用後肌膚更爲光滑剔透。

柚子開的花

修剪方法

修剪時，主要是將過於茂盛的枝條剪除，以讓陽光能照射到樹冠內部。

如果花苞已經長出，修剪時務必仔細觀察避開，但如果花苞太多，最後果實可能會愈結愈小顆，此時可以大膽地剪去一半花苞，讓果實可以結得又大又好吃。

結太多果實的香橙會因能量耗損而虛弱。此外，留著果實在樹上也會害得樹勢變得萎靡，因此建議要在適當的季節採收。

修剪帶刺的樹木時應穿戴皮手套，這雖然是常識，但如果手套太厚也會難以操作剪刀，因此厚度適中爲宜。

修剪香橙和金柑的最佳時間是在3月左右，最好在採收前執行自然式修剪，以便增進通風性和日照量，並盡可能保留下短枝。

修剪前的香橙。它的果實沉甸甸的，採收時可以順道除去徒長枝、糾纏枝和下垂枝，邊整理植株，邊改善通風性、日照量。

修剪後的香橙。

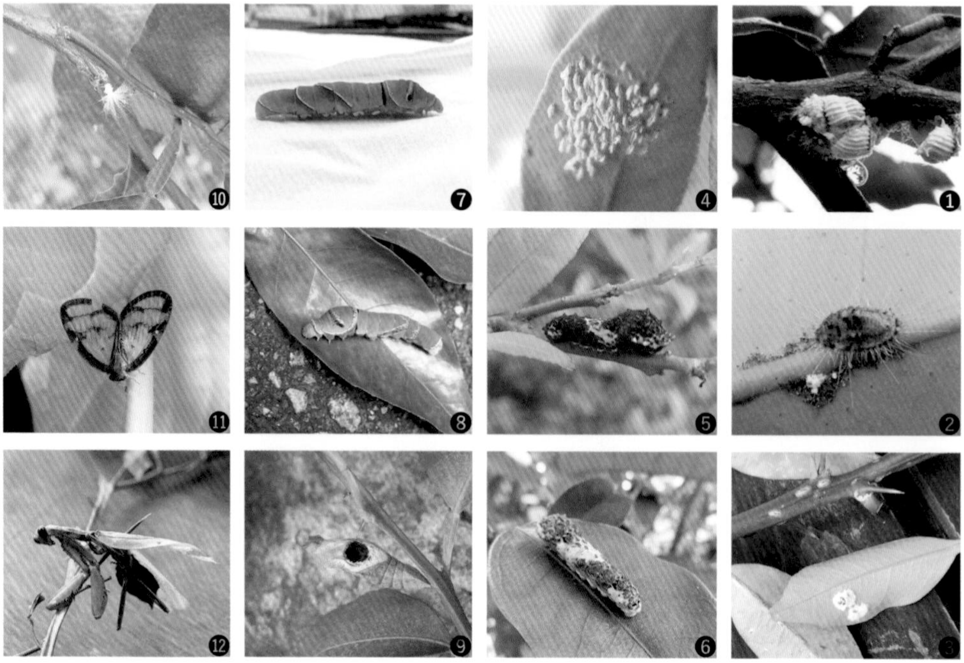

❶吹綿介殼蟲成蟲。

❷吹綿介殼蟲幼蟲。

❸扁堅介殼蟲（上）、粉介殼蟲（下）。

❹好發於柑橘類植物的箭頭介殼蟲。照片為雄蟲的繭，另外常見黏附在果實上的是雌蟲，長得像黑芝麻。

❺柑橘鳳蝶初齡幼蟲。柑橘鳳蝶、黑鳳蝶的幼蟲喜食柑橘類的葉子。

❻柑橘鳳蝶中齡幼蟲。

❼柑橘鳳蝶終齡幼蟲。當牠愈長愈大隻時，眼珠看起來愈像蛇眼。

❽黑鳳蝶終齡幼蟲。

❾被鳳蝶深溝姬蜂寄生、掏空的鳳蝶蛹。

❿出沒於香橙上的帶紋疏廣翅蠟蟬幼蟲，牠們經常在過於茂密的柑橘類植物現蹤，只要看到新長出的綠枝上覆蓋一片軟綿綿的白色物體，幾乎就可以確定是廣翅蠟蟬幹的好事。

⓫帶紋疏廣翅蠟蟬的成蟲，羽翼通透。

⓬紅頭伯勞會將蜥蜴或螳螂等生物用帶刺的植物刺穿，當作預備存糧，人稱「紅頭伯勞的儲糧」，經常用於日本俳句的季語中。

採收要點

修剪柑橘類水果的難處是刺，即使戴著皮手套進行香橙類的樹木修剪，也可能被刺傷。此外，愈美麗的香橙愈常出現在茂密的樹枝間，因此不得不把手伸進這片荊棘叢林。此時的訣竅就是先把刺剪掉，只要把最麻煩的刺去除，就可以伸手處理了。

採收果實時，須依序清理內側茂密的枝條，如下垂枝等。

夏山茶

（別名：娑羅樹）

山茶科／落葉喬木

修剪時期 11月～隔年2月

花期 6～7月

結果期 8月左右開始結果，但要入秋才會轉褐色成熟

病蟲害 廣翅蠟蟬科、茶毒蛾、白頂突峰尺蛾

夏山茶在夏天開的花類似白山茶，是山茶科的落葉喬木，不時會引來茶毒蛾。

落葉樹普遍不喜歡在夏天移植，夏山茶尤其不耐夏天。即使看起來已經生根，夏天時樹幹也可能慢慢枯萎。此外，在強日照與極度乾燥處，它們甚至可能突然枯死。

我在家裡陰涼處種了一棵同為山茶科的日本紫莖，每年只有一天會開出無數的小花，花期過後結出的褐色果實，看起來倒像是素雅的花朵。

COLUMN

香橙的各種吃法

香橙蜂蜜的作法

先將它們仔細洗淨、擦乾，切成圓片後放入罐中，接著倒入蜂蜜直到香橙片被完全覆蓋。約3小時後即可享用。可以倒入杯中，用熱水稀釋再喝。由於未經加熱，因此須在製作後一週內喝完。

香橙白蘿蔔的作法

白蘿蔔 1公斤、香橙 1顆

搭配調料

砂糖 200公克

醋 120cc

鹽 1.5大匙

提供者／岩谷美苗

❶將白蘿蔔削皮，切成一口大小的不規則塊狀。

❷把香橙刮下的外果皮切成細絲狀（但不含中果皮上的白色組織）。

❸將蘿蔔塊和切絲的香橙皮放入容器中，加入調味料拌勻，約3～4小時後即可享用，風味可以維持2～3天左右。

修剪方法

花朵會從前年長出的短枝上綻放，所以如果在冬天剪掉枝條尖端，無疑是葬送了花芽。

建議從長勢旺盛的粗枝開始自然式修剪。長出新葉後，就要觀察整棵樹的平衡，把它剪得既通風又採光良好，若要執行強剪須選在落葉期間。

夏季修剪後

夏季修剪前

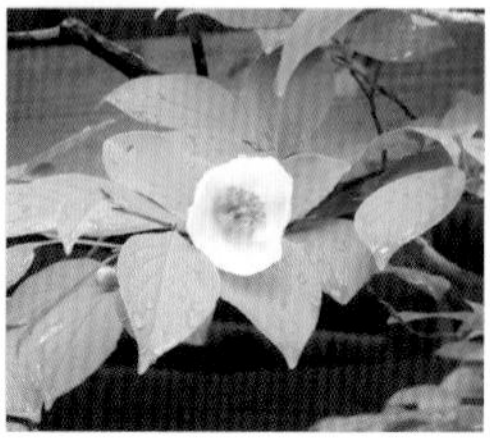

花

冬季修剪後

冬季修剪前

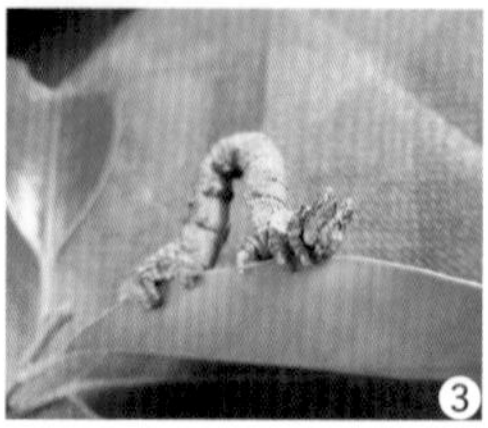

❶出沒在夏山茶上的角噛蟲，看起來好像會造成危害，但其實牠是在吃樹上的苔蘚。

❷偽裝成夏山茶樹枝的白頂突峰尺蛾。

❸白頂突峰尺蛾（在冬青科的樹上）

三菱果樹參

五加科／常綠大灌木

修剪時期　除1～2月寒冬、8月盛夏以外的時期皆可

花期　7～8月

結果期　11月

病蟲害　偶有介殼蟲、尺蛾、潛蠅、蚜蟲

●耐陰、半日照

三菱果樹參的葉形獨樹一格，又是常綠植物，可在房屋北邊排列種植以作為遮窗。它同時也很耐陰，因此照顧起來非常方便，但由於不耐旱，建議不要種在南側向陽處。這種樹的葉片帶有光澤且形狀特別，不過在不同的生長環境下，也可能不會裂葉。

修剪方法

若枝葉過於茂密可能會害它悶死，因此務必整枝以改善通風性，並記得先觀察整體平衡後再下刀，才能均勻疏剪。為避免從枝幹中間砍下去不太好看，可以沿著枝幹長葉處上方斜剪。一旦不加控制，枝條除了會愈長愈細外，也會使下半部長不出新枝，所以須從小樹開始，每年至少打薄一次頂部的枝條加以抑制，才能確保下方枝繁葉茂。

經砍伐的三菱果樹參會從切口處流出橘色樹液，其成分和漆樹的漆酚相同，因此有些人碰到會起皮疹。

修剪前

花苞與花

修剪後

日本花椒

芸香科／落葉灌木

修剪時期 3月

花期 4～5月

結果期 成熟期在9～10月，但一般食用的是7～8月間成熟前的青綠果實。

病蟲害 柑橘鳳蝶、黑鳳蝶

●不耐乾燥、移植。由於雌雄異株，所以僅雌株結果，並會吸引柑橘鳳蝶、黑鳳蝶。

它是一種日本香草類植物，嫩芽可以入菜點綴或作爲佐料，枝枒也能做成味噌。此外，它還能被做成佃煮或小魚山椒等菜色，較粗的枝幹有時會被製成木杵。

有時自然茁壯的日本山椒，甚至比人爲刻意栽種的更爲茁壯茂密。實生苗只有在合適的地方才會發芽茁壯，因此若自行發芽代表地利良好。

適合種在半日照和耐陰環境。

修剪方法

可以沿著徒長枝、糾纏枝或下垂枝等不良枝，從出枝處剪下。日本花椒長有棘刺，須穿戴皮手套和長袖以避免受傷。

病蟲害

柑橘鳳蝶和黑鳳蝶的幼蟲較常出現，但能羽化成蝶的僅有極少數。牠們幾乎每天都會被鳥類和長腳蜂獵捕，即便化蛹也都可能被深溝姬蜂屬的昆蟲寄生，能破蛹而出的少之又少（照片第78頁）。

修剪前

修剪後

將長勢旺盛的枝條採自然式修剪，去除直立枝和糾纏枝，為避免被棘刺傷，建議修剪時先穿戴皮手套。有時會因忍受不了盛夏酷暑而突然枯死。

葉子與果實

具柄冬青

（別名：長梗冬青）

冬青科／常綠喬木

修剪時期　隨時

花期　5～6月

結果期　10～11月

病蟲害　介殼蟲、煤煙病、黑斑病

●半日照植物。由於是雌雄異株，因此僅雌株會結果。葉子可以用作染料。

具柄冬青的葉子呈波浪狀，彷彿在風中飄搖一樣，因此日文以搖曳之姿命名。這種樹是常綠植物，看起來很輕柔，會結出美麗的紅色果實。它們生長緩慢，不論種在日本或西式庭院中都很受歡迎。

如果取得的樹苗太小，將很難等到它長大，建議直接選擇接近期望的樹苗高度栽種爲佳。

具柄冬青雌雄異株，僅有雌株會結果，因此必須同時栽種雌雄植株才能欣賞到果實。就算沒有種在旁邊也沒關係，只要種在同一個庭院裡即可，且不妨以雌株當作主樹。它的葉子晒太多太陽容易日燒（晒傷），而種在太陰暗的位置又不容易結果，因此適合半日照環境。

葉子可以用作植物染料。

修剪方法

如果剪得過猛可能導致它難以恢復，因此須先觀察整體形狀，再對突出的枝條弱剪即可。由於葉子不會長得太茂密，因此爲避免樹形產生空隙，甚至會刻意保留被視爲不良枝的下垂枝。

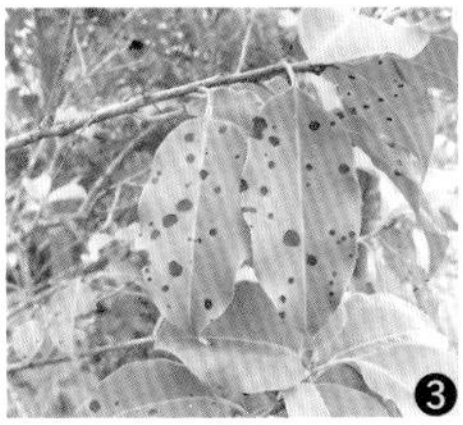

❶花朵

❷果實

❸黑斑病

❹修剪前。雖然它生長緩慢，但還是要將茂密處的枝條剪掉以保持通風。

紫薇

（別名：百日紅）

千屈菜科／落葉喬木

修剪時期 12 月～隔年 3 月

花期 7 ～ 10 月 **結果期** 11 月

病蟲害 白粉病、介殼蟲、蚜蟲

它的花期很長，哪怕只種一棵都能在夏天欣賞花景。

修剪方法

如果每年都把紫薇的細枝以超強剪盡數剪除，樹皮切口就會漸漸膨脹，形成修剪瘻。每年被修剪時，樹皮上都會聚集抗菌物質，長出瘤狀物。如果經常用這種方式強剪，隔年就會從枝條尖端長出較大輪的花朵。若爲避免瘻瘤產生而剪成自然樹形，則會開出許多小花簇。

病蟲害

容易罹患白粉病，但只要不使用農藥，就能吸引柯氏素菌瓢蟲來吃白粉菌。

修剪前

超強剪

修剪後（自然樹形）

花朵

柯氏素菌瓢蟲幼蟲（上）和成蟲（下）。兩者皆以白粉病菌為食。

山茱萸

（別名：山萸肉）

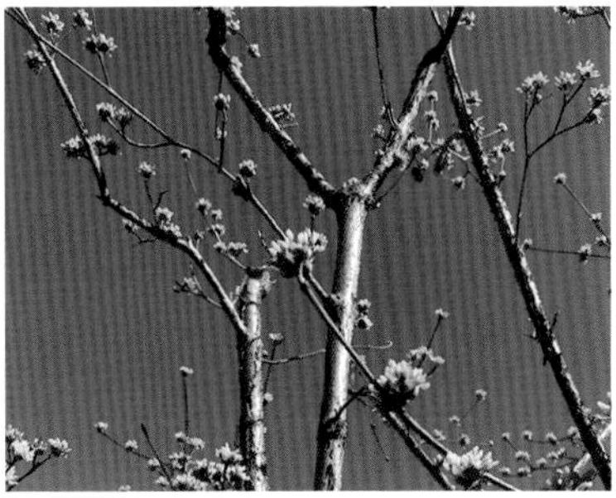

山茱萸科／落葉大灌木

修剪時期　5～12月

花期　3～4月　**結果期**　10月

病蟲害　抗性強。偶有舞毒蛾、捲葉蛾、蓑蛾、基褐綠刺蛾、白粉病

山茱萸對病蟲害的抗性強，花果又可愛，因此經常可見單株種植於庭院裡。其木質紋理粗糙，沒有特殊習性，樹形自然。

從中醫的觀點來看，它具有滋補、改善腰痛、驅寒、止血、利尿、抗過敏等功效，但不建議生吃。

修剪方法

如果不定期修剪，它就會長得又大又厚重，因此務必定期整枝並果斷去除多餘的枝葉，最好採自然式修剪為佳。若在落葉後修剪，必須先保護好花芽，再剪去徒長枝和糾纏枝，把整株樹修小。

花朵

果實

經常吸引黃尾鴝、北長尾山雀、日菲繡眼等鳥類前來採食，但尤以棕耳鵯的食量最為驚人。理論上應該滋味不差，但卻聽吃過的朋友說非常苦澀。

修剪前

以自然式修剪去除生長旺盛的枝條，並砍去直立枝和糾纏枝。由於花苞會長在短枝上，因此若糾纏枝上長出花苞，建議適度保留。不過可以剪掉分枝出來的小細枝，整體看起來會更清爽。

修剪後

加拿大唐棣

（別名：雪白歐楂）

薔薇科／落葉大灌木

修剪時期 6月～隔年3月

花期 4～5月 **結果期** 6月

病蟲害 切葉蜂、蘋掌舟蛾、天牛、蚜蟲

加拿大唐棣會開出美麗的白花，結出的紅色果實渾圓可愛，味道鮮美，是鳥類的最愛。雖然就這樣被吃掉不免有點可惜，但鳥類的到來也讓人不用煩惱害蟲，所以就算了。

也有開粉紅色花的樹種。

它會從地面長出多株樹幹，是備受喜愛的庭院植物。入秋後的紅葉優美、氣氛佳，但由於它會橫向生長，因此不適合狹窄的空間。

修剪方法

容易長出徒長枝，因此要一邊描摹樹形一邊修剪（參考第79頁「夏山茶」）。若有好幾根樹幹從地面冒出時，就要進行疏剪。

病蟲害

加拿大唐棣容易招來蘋掌舟蛾。遭到天牛入侵時，可以參考第100頁的防治方法。另外，有時葉片也會被切葉蜂切成半圓形。

修剪前

花

果實

（提供者／香川淳）

修剪後

鵝耳櫪

（別名：穗子榆、岩四手）

樺木科／落葉喬木

修剪時期　11月～隔年1月

花期　3～4月

病蟲害　蚜蟲、繽夜蛾

如果想種櫸樹，又不希望樹長太大，推薦選擇樹形相似的鵝耳櫪代替，還能營造像雜木林一樣的氣氛。入秋後鵝耳櫪的葉子會轉紅，昌化鵝耳櫪則會染黃，各異其趣。

鵝耳櫪雖爲紅葉和黃葉樹種的總稱，但其實細看也不易分辨。除了紅葉鵝耳櫪的葉片較小、葉柄和嫩枝略帶紅色外，在庭院看到也幾乎分不出差異。或許這也是爲什麼最近園藝業者在下訂樹苗時，不論到貨的葉色爲何，對客戶都統稱「鵝耳櫪」的關係吧。

若庭院較寬廣，建議選擇種植比一般鵝耳櫪還大型的日本鵝耳櫪。清晰可見的葉脈和垂墜的果穗富有張力，格外充滿野趣。

〈修剪方法〉 參考第79頁「夏山茶」。

修剪前

修剪後

鵝耳櫪的花穗

日本鵝耳櫪的果穗

野茉莉

（別名：木香柴）

野茉莉科／落葉喬木

修剪時期 9月～隔年2月

花期 5～6月

結果期 開花結果後，於10月蒂落

病蟲害 幾乎沒有。偶有蚜蟲

野茉莉最大的看點是它在5月綻放的白花，微微下垂的模樣美不勝收，因此它於庭院經常可見，可謂一種象徵植物，其中還有垂枝茉莉和粉花野茉莉等品種，令人愛不釋手。

不過，由於它會掉落大量花朵和果實，因此不建議種在通道或停車場上方，否則清潔起來很痛苦，得慎選種植地點。

修剪方法

參考第79頁「夏山茶」。

病蟲害

偶爾會看到野茉莉上有貓爪癭蚜，也就是蚜蟲留下的蟲癭。這是蚜蟲透過吸食植物汁液，讓植物組織產生變化後搭建的庇護所。在每個貓爪狀的小袋子內都潛藏著蚜蟲。一旦發現，請用剪刀剪下裝袋，當成一般垃圾丟掉。

野茉莉花。吸引各式昆蟲前來吸取花蜜。

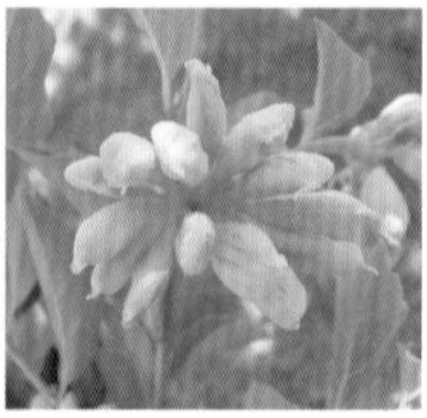

貓爪癭蚜。蚜蟲搭建的避風港。

修剪前

以自然式修剪去除過長的枝條

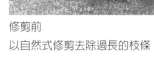

紫荊

豆科／落葉大灌木

修剪時期　11月～隔年3月

花期　4月　**結果期**　9月

病蟲害　幾乎沒有，非常強健。偶有黃刺蛾、白粉病

早春時節，紫荊樹枝會被盛開的深粉色花簇包圍。

由於這種樹容易長出分櫱枝，所以地表經常冒出許多直立的枝幹。如果僅想保有單主幹，就得勤於修剪。但若空間足夠，也可以留下形狀優美的枝條，從地面砍掉其他枝條，維持多幹型態。

紫荊屬豆科，結出的果實形似豌豆，長太多的話既會影響外觀，又會降低樹木活力，因此務必趁修剪時全部去除。若想多種些紫荊，可以將果實放在冰箱裡，到3月中旬時播種即可。

〈修剪方法〉

參考第79頁「夏山茶」。

若地面冒出多株枝幹時，宜適時疏剪。

修剪前

從那些生長旺盛的樹枝開始，依序執行自然式修剪。如果樹枝尖端看起來很沉重，可以留下約2根形狀良好的細枝，再剪掉其餘枝條。

修剪後

❶花

❷像豌豆的果實

❸也有開白花的紫荊

大花四照花

（別名：大花山茱萸、多花狗木）

山茱萸科／落葉喬木

修剪時期 6～7月、11月～隔年3月

花期 4～5月 **結果期** 10月

病蟲害 白粉病

●全日照、半日照

大花四照花的樹形優美，葉子柔軟，春天開花，秋天結果且葉子轉紅，冬天落葉，景緻四季更迭，因此非常受歡迎，在庭院裡經常可見。一般以白花種爲主，近年來也常看到開紅花的紅花四照花，有時也被種植於人行道。

催花方法

待花苞長齊後，只要在修剪時保持花苞完整，就能保證開花。

須避免過度施肥，否則可能影響開花。普遍認爲營養過多，植物會把能量全消耗在生長上，反而不易形成花苞。待達到一定樹齡、生長漸趨穩定後，花朵就會開始綻放，不過在陰暗處就難以開花。

我曾看到它被種在像行道樹的小植穴框裡，花開得倒比想像中好。

在我們維護、打理的庭院中，也有棵大花四照花種在小植穴裡，花朵同樣盛開（可參考夏天修剪前後的照片）。起初這棵樹完全沒有開花，我只是想用它來幫2樓擋熱，爲了遮住窗戶，我在修剪時從未修矮樹的高度。

本以爲在植穴裡它也不會長多高，但在大約10年的打理之下，它不但完美地遮蔽了2樓，還開始綻放花朵，像現在就是開滿的狀態，這不禁令人反思，有時開花是需要時間的。

修剪方法

參考第79頁「夏山茶」。

病蟲害

大花四照花容易罹患白粉病，但只要不噴灑農藥，就有機會吸引柯氏素菌瓢蟲（第84頁照片）來幫忙吃掉白粉病菌。

夏天修剪前

這棵樹種在民宅旁的高樹框內，為了遮擋盛夏的烈陽和高溫，修剪時應當盡量保留足夠的葉片，僅剪除糾纏枝和下垂枝，讓外觀看起來更整齊。

夏天修剪後

秋天修剪後

秋天修剪前

這棵大花四照花即將進入落葉期，由於它接下來會休眠，因此可以趁機大肆修剪一番，讓整棵樹變得比較透光，使陽光可以照到晒衣區。

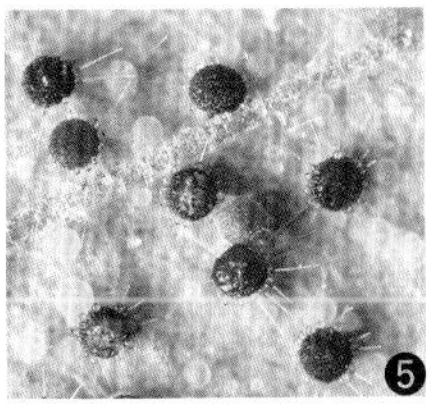

❶潔白優美的花朵 ❷果實 ❸花苞，會在葉子轉紅的同時長出，因此截剪時要避開。❹容易罹患白粉病，可謂一大挑戰。❺顯微鏡下的白粉病菌，看起來意外地漂亮。（提供者／伊澤正名）❻紅花四照花

四照花

山茱萸科／落葉大灌木

修剪時期 11 月～隔年 3 月

花期 5～6 月

結果期 9～10 月

病蟲害 白粉病

經常被種植爲庭院的主樹，廣受歡迎。它有綻放許多小花的山法師、淡紅色的紅花山法師，還有冬季不落葉的常綠品種等。熟透的紅色果實吃起來像南洋水果的風味。

修剪方法

參考第 79 頁「夏山茶」。

常綠四照花會綻放無數的花朵。

常綠四照花的花。

花（白花）
看起來像白色花瓣的葉子，稱作苞片。

果實的風味絕佳，連鳥類都喜歡。

修剪後

修剪前
由於它容易長出徒長枝，因此建議經常採自然式修剪法去除。如果每年都從相同部位修剪，切口處會變得凹凸不平，建議可以稍微錯開下刀處。

木芙蓉
木槿
（別名：水槿）

芙蓉：錦葵科／落葉灌木
木槿：錦葵科／落葉大灌木

修剪時期　11月～隔年3月

花期　8～10月

病蟲害　木芙蓉容易罹患白粉病、木槿容易受蚜蟲侵害，共通害蟲為犁紋黃夜蛾、紅棕錦葵裳蛾。

●皆為一日花，喜日照。

看到木芙蓉就讓我想起國小的班級花圃，不禁懷念起童年的暑假回憶。與它同科的植物還有木槿，差別在於木芙蓉是橫著長，木槿則是豎著長。木槿的樹幹呈灰色，品種繁多；木芙蓉則綠意盎然，另外還有花色一日三變的醉芙蓉，清晨爲白色，中午變桃紅色，傍晚再轉深紅色。

修剪方法

進入落葉期時，須一鼓作氣將木芙蓉的粗枝短截修剪。木槿則保留3至5根直立細枝後，先剔除小枝，再將其餘枝條全數砍去。

木芙蓉的花

❶紅棕錦葵裳蛾幼蟲
❷犁紋黃夜蛾幼蟲

修剪後的木槿

修剪前的木槿

木槿花。花色各異。

紫玉蘭

（別名：木蘭）

日本辛夷

木蘭科／落葉喬木

修剪時期　11月～隔年2月

花期　紫玉蘭4～5月、日本辛夷3月

病蟲害　幾乎沒有。偶有介殼蟲、玉蘭大刺葉蜂

紫玉蘭，顧名思義是開紫花的樹。爲了避免和開白花的玉蘭混淆，園藝業者都會特意強調紫花玉蘭用以分別。

最近木蘭屬的各種海外園藝品種愈來愈多。大部分紫玉蘭樹種可維持在3～4公尺左右的高度，因此在住宅區的庭院裡很好打理。

另外，白花玉蘭因花色潔白，所以在日本廣受歡迎。這種植物如果放著不管，可以長至20公尺高，但過度截剪又不容易開花，所以最好是種在上方沒有電線阻擋的寬敞空間，才能發揮玉蘭樹的優點。

❶玉蘭的立姿

❷紫玉蘭的立姿

❸紫玉蘭花。外紫內白。

❹變種紫玉蘭。

❺紫玉蘭為木蘭屬植物，擁有高人氣。它的花色呈深紫色，內側又不會太蒼白。

修剪方法

紫玉蘭的樹枝會一直往上長，因此修剪不易，須盡可能把直立突出的徒長枝全部剪掉，並均勻修剪。日本辛夷的修剪方法可比照紫玉蘭。

紫玉蘭
修剪前

紫玉蘭
修剪後

病蟲害

最近時常看到白玉蘭花樹的花苞變成褐色被弄得髒兮兮，這其實都是棕耳鵯幹的好事。許多人曾目擊牠們吃花苞的畫面，就連我也曾親眼看過。

它們偶爾會遭到介殼蟲類襲擊，如日本紐綿蚧等。

❻出沒在紫玉蘭樹上的日本紐綿蚧，用手摘除即可。

❼停在紫玉蘭上的棕耳鵯，等待進食中。

❽因棕耳鵯的啄食，導致開花前變成褐色的花苞。

修剪前的日本辛夷

❾紫玉蘭的果實

❿日本辛夷的果實

⓫星花木蘭的花

修剪後的日本辛夷

西南衛矛

衛矛科／落葉大灌木

修剪時期 11 月～隔年 2 月

花期 5～6 月 **結果期** 10～12 月

病蟲害 中國毛斑蛾、鈍肩普緣椿象

我們家有棵西南衛矛，20年前搬到這裡時就已經長得很大了。或許是日照不足的緣故，樹上經常出現大量的中國毛斑蛾幼蟲和鈍肩普緣椿象，但即使如此它還是每年綻放樸實的花朵，結出美麗奪目的果實。

它的果實頗受鳥類歡迎，除了觀察到日菲繡眼外，還吸引小星頭啄木鳥、黃尾鴝、日本山雀、雜色山雀和日本樹鶯等鳥類前來啄食。其中日菲繡眼和小星頭啄木鳥似乎特別喜歡，當然也少不了棕耳鵯。或許因爲這裡儼然已成爲鳥類休息的咖啡廳，觀察久了以後發現，即使出現大量中國毛斑蛾幼蟲和鈍肩普緣椿象，慢慢地也會平靜下來，不至於釀成災情，最終這棵樹成爲我們在家裡賞鳥的絕佳景點。

修剪方法

參考第79頁「夏山茶」。

我們家種植的西南衛矛。

❶正在吸取西南衛矛汁液的鈍肩普緣椿象。

❷脫皮中的鈍肩普緣椿象。

❸中國毛斑蛾成蟲（幼蟲照片見 p.61）。

日本女貞

木樨科／常綠喬木

修剪時期　6～7月、11～12月

花期　6月

結果期　11月

病蟲害　強健。偶有介殼蟲、條首夜蛾、小褐偽瓢葉蚤、白粉病

●經常實生

日本女貞的果實形似老鼠糞便，因此在日文裡以鼠爲名。有時在沒人種植的情況下，它會突然出現在庭院裡，好像早就種在那裡一樣。推測很可能是從鳥類糞便裡的種子發芽而來，也足以見得這種果實對鳥類的吸引力。若是完全不打理，最終它們只會愈長愈高，因此不打算在庭院裡種植，一看到實生苗就得斬草除根才行。

修剪方法

由於它發芽力極強，所以得毫無顧忌地修剪。首先盡快確定主幹，決定目標高度後就從主幹下刀，使其不能再往上長。強剪後再去除徒長枝，保留柔軟細枝，讓整體感覺更蓬鬆。

修剪前

基本採自然式修剪法，但這張照片裡的樹形太茂密了，所以我先截剪再整枝。

修剪後

槭樹

（楓樹）

無患子科／落葉喬木

修剪時期 6～7月（弱剪）、11月中～12月、2月

花期 4月 **結果期** 10月

病蟲害 黃刺蛾、蚜蟲、介殼蟲、天牛、大水青蛾、蘋掌舟蛾、白粉病

●深受槭環蛺蝶幼蟲喜愛的樹種，果實長得像螺旋槳。

你是否也常常分不清楚槭樹和楓樹的差別呢？在日本最具代表的紅葉有雞爪槭、山紅葉槭、大紅葉槭等，其他大多統稱楓樹。不過這其實就像「蝴蝶跟蛾」一樣難以分辨，在庭院植物裡也不太會有人區分它們。

修剪方法

槭樹和楓樹別具季節風情，因此建議盡量採整枝方式保持自然的樹形。如果刻意剪成一團團的球簇狀（第143頁）反而會失去紅葉的美感，因此必須觀察整體的一貫性後再下刀。

有人說它們不耐利刃，因此應盡量用手摘除，但其實也沒有脆弱成這樣，可以照常使用鋸子或剪刀修整。

修剪方法可參考第79頁「夏山茶」。

病蟲害

如果種在通風不良或樹木過於茂密的庭院，就容易得白粉病。但只要不噴灑農藥，就有機會吸引柯氏素菌瓢蟲（第84頁照片）前來幫忙吃掉病菌。

黃刺蛾是常見的害蟲，不過牠們可能被上海青蜂寄生。我在家裡的庭院看過上海青蜂，當下不自覺被牠的美麗所吸引，彷彿是飛行的琉璃寶石一樣。

大水青蛾幼蟲雖然也會啃食槭樹的葉子，但牠們較常出現在大自然中，在都市實爲罕見。

天牛也是害蟲之一，爲此我經常巡視槭樹是否出現木屑（排遺）（照片❸）的痕跡。如果發現就要用鐵絲伸到洞穴處，以味噌塗滿內部（照片❹）。天牛喜歡虛弱的樹木，因此只要夠健壯就不易被侵擾。

修剪後

修剪前

以自然式修剪去除生長旺盛的枝條，並砍掉直立枝和糾纏枝，接著再把分枝處的小細枝修掉，就會顯得整齊。夏季修剪時，須留意不要過度修剪，因為陽光直射可能會導致樹幹開裂或腐爛。

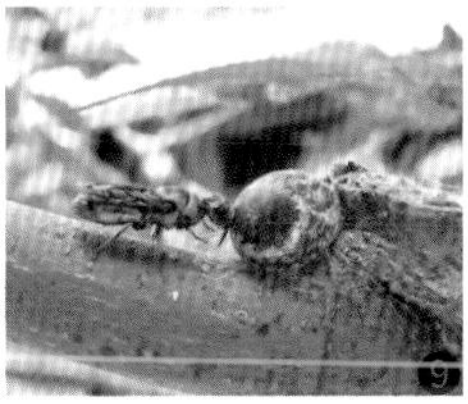

❶羽扇槭的花 ❷楓樹種子 ❸木屑（排遺） ❹天牛的肆虐痕跡。須把鐵絲伸到洞穴處，用味噌塗滿內部。 ❺在楓樹上築巢的黃蜂，會獵捕毛毛蟲。 ❻岡野羽齒舟蛾幼蟲。 ❼沙舟蛾幼蟲。 ❽黃刺蛾的繭，每個模樣都不同。 ❾上海青蜂 ❿大水青蛾幼蟲

月桂

（別名：月桂樹、桂冠樹）

樟科／常綠大灌木

修剪時期　6月底～12月

花期　4月

結果期　10月

病蟲害　介殼蟲、蚜蟲、煤煙病

●全日照

月桂葉的香氣迷人，經常當作香料入菜。一般市售都是乾燥後的葉片，其實未經乾燥依然香氣濃郁。

修剪方法

它們生長快速，因此每年須定期修剪2次。如果從樹枝中間直接砍掉會給人一種生硬感，因此建議盡量靠近樹幹修剪徒長枝，才能營造溫潤感。

月桂葉只要平時不打理就會恣意長大，因此須果斷往主幹下刀，決定高度後先短截修剪，並且保留周圍的枝葉，以遮蔽枝幹的切口。亦即先模擬枝葉修剪後的高度，再將主幹修剪更低為佳。若要強剪，則要避開2月或8月等極端氣候再執行。

病蟲害

日照不足時容易遭受介殼蟲與蚜蟲的侵襲。這兩種蟲排出的蜜露都有黴菌附著，使葉子形成煤煙病，外觀就像被煤炭覆蓋一樣。這種病害一旦擴散將阻礙光合作用，樹勢衰弱後又更容易遭受害蟲襲擊。

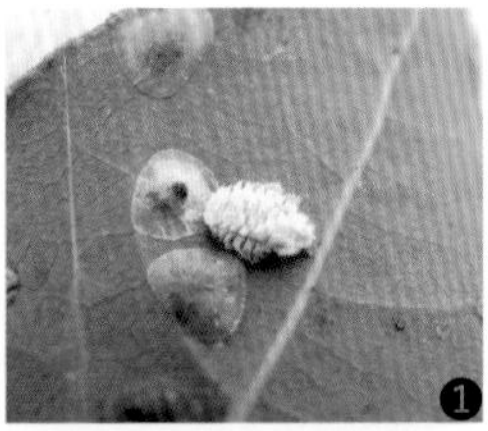

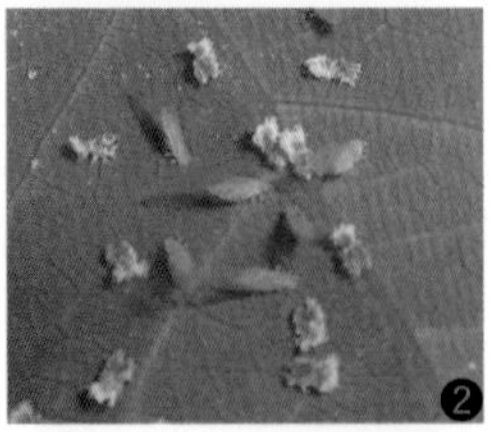

❶扁堅介殼蟲呈扁平三角狀。粉介殼蟲表面覆蓋著白色蠟狀物質，外觀呈粉狀。❷蚜蟲 ❸煤煙病 ❹紅點脣瓢蟲的蛹 ❺紅點脣瓢蟲的成蟲

月桂花

月桂的花苞

修剪後

由於長出許多直立的徒長枝，故從底部修除。

修剪前

枇杷

薔薇科／常綠喬木

修剪時期　除2月和8月外，隨時都可（若要採收果實則參考內文）

花期　11～12月

結果期　隔年6～7月

病蟲害　茶毒蛾、蚜蟲、鑲夜蛾、蘋掌舟蛾、小青銅金龜

枇杷容易生長，因此種植空間不宜狹窄。另外，它的葉片又大又厚，因此若種在家中南側，就會影響採光。

在日本，有人說「種枇杷，人生病」，這可能是誤解了「枇杷黃時病人多，橘子黃時醫生閒」這句諺語的意思。原意是指，枇杷的果實在6月變黃時，正是溼氣重的梅雨季節，溫差大就容易導致人生病，但到了橘柑（一種柑橘類，酸味強不宜生吃）變黃時已經10月，此時氣候宜人不易生病，醫生就可以得閒。

枇杷不僅不會害人生病，還是民俗療法的重要法寶。據說切碎老枇杷葉並浸泡在燒酒或白酒中，就能改善昆蟲叮咬和發炎症狀。因此近年來收到許多想種枇杷的請託，原因是「就算沒能結果，葉子也很實用」。

修剪方法

爲避免整體採光不佳過於昏暗，就得積極修剪。在形塑樹冠的同時，還要保留側枝（從主幹兩側長出的樹枝）並修飾形狀（保留的枝條數量應個案處理）。一邊維持整棵樹的平衡感，一邊打薄直到可以窺見天空爲止。

爲了採收枇杷果，可以在花苞開始形成時修剪，並保留長出花苞的枝條。如果所有枝尖都長出花苞，則將數量控制在一半左右即可。

枇杷樹長穩之前很難結出果實，像幼苗或剛強剪完修小時，會消耗大量能量在生長上，因此不利結果。

若並非一定要採收果實，那麼除了冬天和夏天等極端氣候外，其餘時節隨時可以修剪。

❶枇杷在晚秋～冬季開花

修剪前

❷鑲夜蛾幼蟲。這種害蟲比較常啃食柃木或冠蕊木，不料竟被我目擊牠在吃枇杷的畫面！

❸偶有茶毒蛾侵擾

修剪後

COLUMN

鳥巢

下圖拍攝自某戶民宅的庭院，這些鳥巢分別被築在不同樹上。

其中有2個鵯巢、1個日菲繡眼巢和1個棕耳鵯巢。

這個庭院也沒有特別大，在僅10坪的空間裡竟然有這麼多鳥巢。

但可別以為這樣就結束了，在正門旁的小葉青岡上，還能看到正在孵蛋的棕耳鵯。

鳥類通常喜歡有機庭院。根據美國環保作家──瑞秋．卡森的研究，鳥類只要吃掉11條身處農藥環境中的蚯蚓，便足以致命。

事實上，我們許多客戶就表示，自從不使用農藥打理庭院後，就吸引更多鳥類造訪。

鳥類位處生態系的頂端，除了果實以外，在甚少植物結果的春夏時期，牠們還能靠吃各種昆蟲生存，如毛毛蟲等。

此外，我曾在從事園藝工作時，目睹日菲繡眼啄食蚜蟲的畫面，也看過日本山雀飛回來時，嘴裡叼著好幾隻毛毛蟲準備餵食雛鳥。

換言之，只要能吸引鳥類前來，就算不在庭院裡噴灑農藥，也不容易造成嚴重蟲害。

更重要的是，早上能在一片鳥叫聲中起床，著實心曠神怡。

在某戶民宅庭院的樹上發現的鳥巢。從左至右順時針方向，分別為鵯子、日菲繡眼和棕耳鵯。

修剪前

以梅為代表，像這種容易長出直角或近乎直角樹枝的樹木，如果要修剪直角枝，可能意味得砍掉所有的樹枝，且會喪失該樹種特有的韻味。為了體現樹木的特色，修剪時得顧慮整體平衡，不能把所有直角枝都修掉。6月過後，當春夏萌發的樹枝放緩生長時，就要避免強剪。若要在落葉期修剪，記得保留花苞。

修剪後

圖中雖省略樹枝尖端，但只要盡量保留柔軟的細枝，就能營造沉穩的樹形與氛圍。開花樹、果樹或細小的枝條上容易長出花苞，因此切勿剪過頭。

直角

直角狀樹枝由於不具平滑的弧線，因此較難修剪。若只行自然式修剪，可能導致樹枝前緣長不出花苞。建議善用直角樹枝的優勢，思考樹枝分配剪出輪廓，營造最佳樹形。

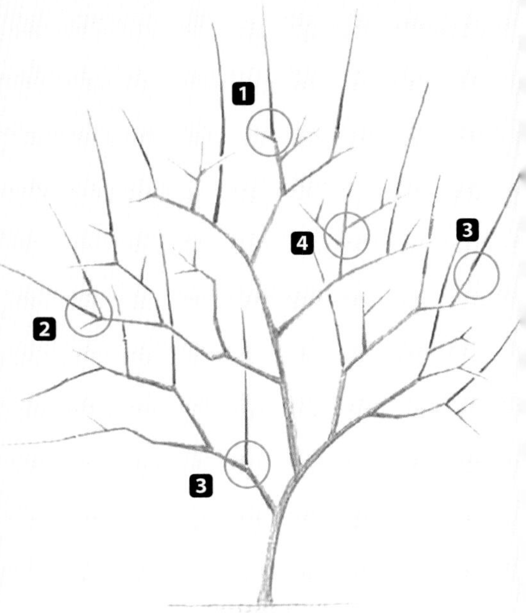

修剪

1 基本上從頂部開始修剪。首先決定樹的高度，保留樹頂中間的枝條，再採自然式修剪依序往下，過程須兼顧樹形與樹枝分布。2 砍掉圖中所有標示紅色的枝條，順著樹枝走向進行自然式修剪、截剪與整枝。3 原則上將徒長枝直接從出枝處剪掉，但仍須顧慮樹形和樹枝的平衡感再截剪。4 爲了顧及樹枝的協調性，有時得留下一些糾纏枝。先剪掉粗枝，待樹的輪廓清晰後，再修飾細枝。

梅

薔薇科／落葉喬木

修剪時期 12月～隔年1月、6月

花期 2～3月

結果期 6月

病蟲害 介殼蟲、蚜蟲、白斑毒蛾、黃毒蛾、黃尾毒蛾、蓑蛾、縮葉病

如果需要授粉樹以提高梅子產量，建議種植相同花期的南高梅和白加賀梅。這兩種樹結出的梅子都很大。

但若種的是豐後梅（大顆）或小粒南高梅（中顆）等單株即可自花授粉的品種，就能在有限的庭院空間裡體驗採收之樂。

〈修剪方法〉

大部分書上都建議1月左右修剪，但梅樹卻會在5～6月瘋狂生長，在庭院裡很難忽視。

因此，若長到令人困擾的程度，可以在採收梅子時就將粗大的徒長枝進行疏剪，以保持樹形。剪掉徒長的粗枝，截剪其他細枝至20～30公分長。

若想將樹枝強剪至總量的三分之二或一半，建議在12月～隔年1月左右進行。此時花苞已長出，這樣修剪時就能確實保留花苞。

在短截修剪細枝時，留長一點會開很多花，截短一點則會結很多梅子。因此依修剪狀況，可能須適時疏果。

所謂疏果，指的是僅選擇性保留樹上最優異的1～2顆果實，以避免結太多果實導致每顆都長不大，或因為太重而折損枝條。

如果只對梅樹行自然式修剪，樹枝前緣可能長不出花苞。

從日本藝術琳派（狩野派）的梅樹畫可以看到左右彎曲的枝條，也有近乎直角的樹枝，因此修剪時宜盡量展現它們的自然優勢。

要利用直角樹枝的特點，就得一邊思考樹枝分配，一邊剪出輪廓才行。從樹枝中段截剪更能突顯梅樹的原生韻味，建議多加善用這個技巧。

修剪後

修剪前

要避免徒長枝大肆生長，就須從出枝處修剪。若生長過密，最好針對徒長枝截剪，再行整枝為佳。適度保留一些糾纏枝，可讓樹枝的配比更均勻，增添梅樹的韻味。

❶截剪後的梅樹。此法雖能讓梅花盛開，但樹枝形貌很不自然。

❷白梅花

❸紅梅花

❹豐後梅花。單棵種植也能結出梅子，因此推薦給想體驗採收樂趣的人。

病蟲害

近年來，咖啡硬介殼蟲造成的危害尤其明顯，但只要不使用農藥，就有機會引來黑緣紅瓢蟲和紅點脣瓢蟲相助，幫忙捕食所有害蟲。

這些瓢蟲不論幼蟲或成蟲都吃，看到牠們的蹤跡時，可以試著擠壓眼前有的咖啡硬介殼蟲看看，說不定早已經被瓢蟲吸到剩空殼了。

可惜瓢蟲的幼蟲和蛹長得太詭異，以至於有人將牠們錯認成「害蟲」而驅除。請務必好好記清楚瓢蟲幼蟲、蛹和成蟲的樣子。

近年來梅樹也容易罹患縮葉病，發病後的新葉因腫脹而蜷縮，一旦發生縮葉病，每年都有可能發作。據說這種病菌有可能是透過蚜蟲散播，只要在病菌活躍的春天，於葉子上噴灑推肥茶或問荊莖茶（第175頁），就能減少災情。

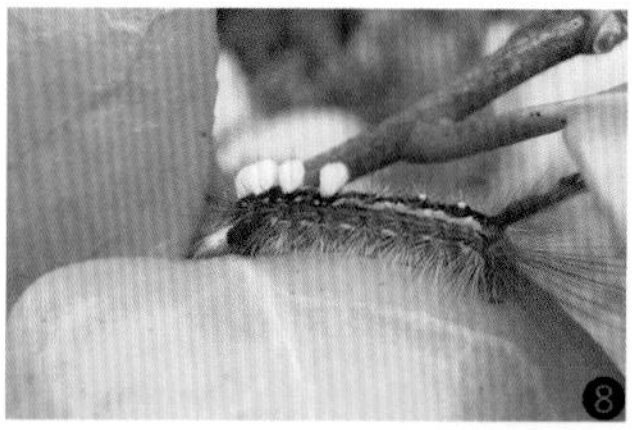

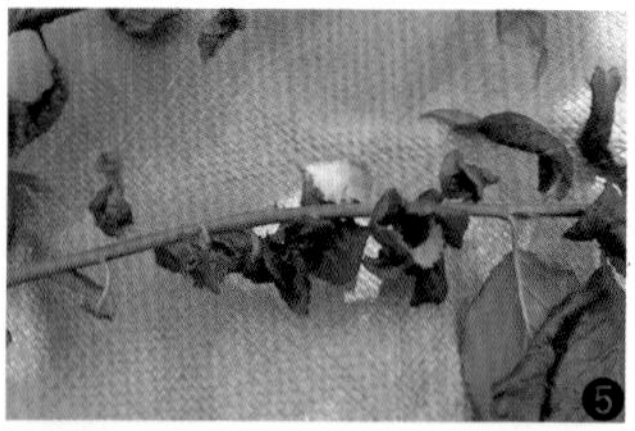

❺縮葉病，好發於新葉。由於是病菌感染，因此不易根治，但可以噴灑堆肥茶或問荊莖茶抑制。

❻咖啡硬介殼蟲。

❼梅樹上的蚜蟲。

❽白斑毒蛾幼蟲。特徵是背上的白絨毛，碰到皮膚便會發癢。

❾黃毒蛾幼蟲。

❿黃尾毒蛾幼蟲。

梅樹容易吸引黃毒蛾和黃尾毒蛾。可以觀察蟲的背後，若上半部有橘色的 Y 形線，即代表是黃尾毒蛾。小心不要碰到，以免發癢。

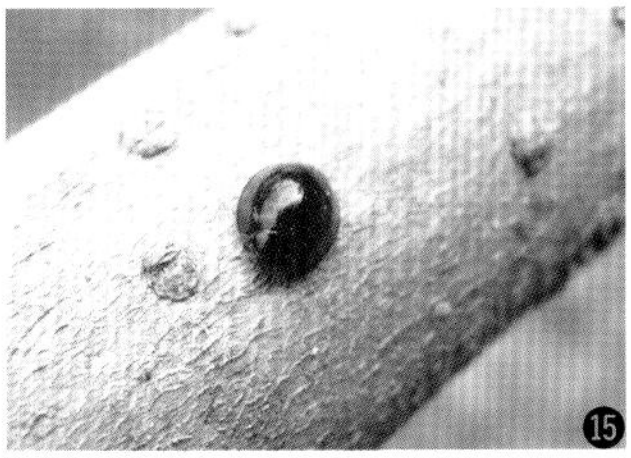

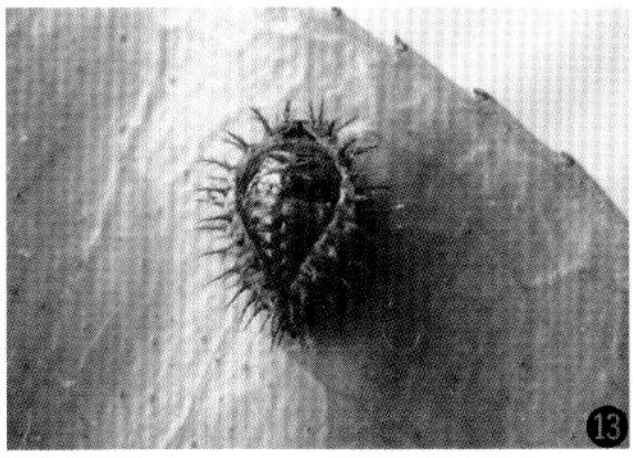

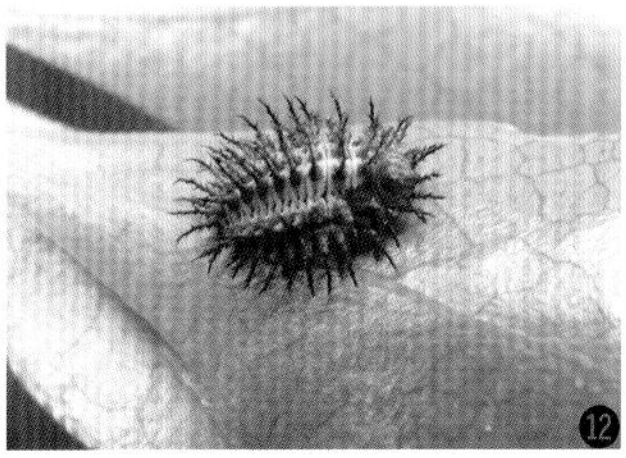

⓫黑緣紅瓢蟲脫去的蛹殼。

⓬黑緣紅瓢蟲幼蟲，喜食咖啡硬介殼蟲。

⓭黑緣紅瓢蟲的蛹。

⓮黑緣紅瓢蟲成蟲，像紅寶石般美麗。

⓯紅點脣瓢蟲，正在進食介殼蟲。

⓰異色瓢蟲的蛹。

⓱異色瓢蟲的成蟲，有許多種花紋（體色）。

COLUMN

腐木的意義

腐爛一詞總給人負面印象，因此許多人一聽到樹變成腐木，就覺得它快枯死了！

其實，只要樹木健康就不會輕易枯萎，因為它能形成保護層，防止木腐真菌在內部擴散。有的樹種即使腐爛出大洞，都不影響存活。

順帶一提，許多生物甚至還得仰賴樹木的腐爛處過活。

像食蝸步行蟲、胡蜂成員，以及其他生物等，都得躲在樹洞才能過冬。

當樹洞變大時，貓頭鷹便會以此為巢穴撫育雛鳥。此外，日本山雀也是在洞穴裡養育幼鳥的代表。

當森林因開發而不斷消失，人們可能覺得自己準備的巢箱足以取代樹洞，並能幫助鳥類生長。

不過，我還是希望這個社會對「腐爛」能更加寬容。

垂絲海棠

（別名：福建山櫻花）

薔薇科／落葉大灌木

修剪時期 1～2月

花期 4月

病蟲害 蚜蟲、捲葉蛾、赤星病

修剪方法

參考「梅」（第108頁）。

病蟲害

種植垂絲海棠時須特別留意赤星病。罹病時，葉子表面會長出不規則的黃色圓點，背面則變成紅色，長得像海葵的觸手。由於龍柏等刺柏屬植物會飄散柄鏽菌的孢子，所以周遭最好避免栽種垂絲海棠、薔薇科木瓜或皺皮木瓜等植物。

當計畫種植這些容易患病的樹種時，請養成經常觀察葉子的習慣，在發病初期及早去除感染赤星病的葉片。切勿把取下的病葉放入堆肥葉中，焚燒時須注意不能助長孢子散播，也可裝入密封袋裡當可燃垃圾丟棄。

修剪前

修剪後

❶花

❷罹患赤星病的葉背，菌絲像海葵的觸手般蔓延。刺柏屬植物是這種病菌的中間宿主。

皺皮木瓜

薔薇科／落葉灌木

修剪時期　5～6月、11～12月

花期　2～4月

結果期　7～8月

病蟲害　蚜蟲、赤星病

皺皮木瓜可以開出紅、粉紅、白、紅白混色的花朵。據說以它的果實釀酒，有恢復疲勞的功效。

修剪方法

如果不適時修整枝條就會長得雜亂無章，建議秋季時邊觀察花苞邊強剪。修剪方法參考「梅」（第108頁）。

病蟲害

由於容易染上赤星病，因此不宜種在龍柏、鋪地柏等刺柏屬樹木旁邊，發病後就要盡快去除病葉（第112頁）。

修剪前

幾乎整株都是糾纏枝，因此須剪去彼此交疊的枝條，並觀察整體平衡感後調整枝條數量。

❶～❸在樹枝分岔處保留細枝，截剪徒長枝。

修剪後

柿

柿樹科／落葉喬木

修剪時期 6月底～7月初、12月～隔年2月

花期 4～6月

結果期 10～11月

病蟲害 黃刺蛾、柿舉肢蛾、柿細蛾、潛蠅、白粉病、柿圓斑病

柿樹在日本庭院是很受歡迎的果樹之一。然而近年來偏鄉人口持續外流，缺乏採收人力，因此結出的柿子淪爲猴子、浣熊和白鼻心的食物。我曾在夜晚的山上，看到日本貂爬到柿樹上吃柿子的畫面。爲避免柿子被吃光，最好還是事先摘下，以減少野獸的侵害。

修剪方法

柿樹適合強剪的時期爲落葉期，也就是12月～隔年2月，但若枝葉在入春後長得密不透風，也可以在6～7月時一邊疏果一邊修剪，將受傷、被蟲咬過和朝天長的柿子等摘除，同時剪掉糾纏枝等不良枝。

不論何時，都應把長成直立枝的徒長枝從出枝處剪掉，並對留下的樹枝進行自然式修剪，盡量只保留短枝。

結出柿子的樹枝隔年就不會再結果，因此採收時可以連枝剪下。

如果要直接爬樹採收，就算腳可以踩在樹枝上，也要特別小心細枝從分岔處斷裂。

不論用什麼方法修剪，有的柿樹結實纍纍，有的卻結不出果實。有的樹在當年結很多果，隔年就因休息而減產，但也有的柿樹每年都產量驚人，箇中原因著實超出人類智慧，大概只有它們自己知道了。

我也經常聽到柿子雖結出果實，但卻在未成熟時就落地的情況。此現象不能完全歸咎於蟲害。當結果過多造成樹木的負擔時，有時樹木便會自行讓果實掉落（生理落果）。

病蟲害

柿舉肢蛾（別名：柿蒂蟲、柿實蛾）在長成三齡幼蟲前都會吃柿樹芽，長到三齡幼蟲後便會侵入柿果，導致柿子從蒂頭落下。

修剪後

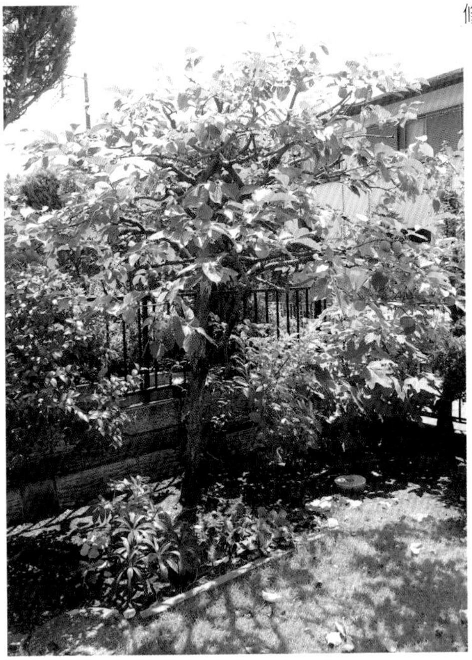

修剪前

由於長出很多直立的徒長枝，所以基本上應該全部剪掉。短枝比較容易結果。

結果初期

結實纍纍

（提供者／岩谷美苗）

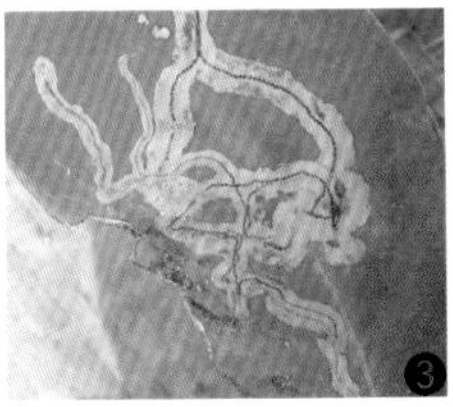

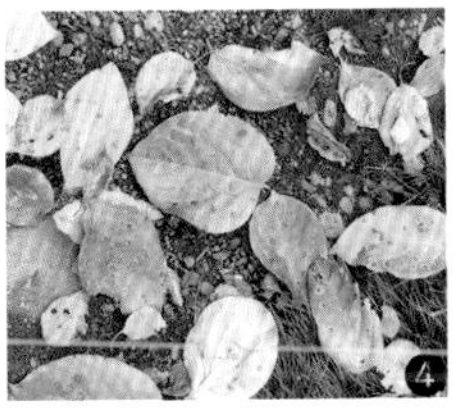

❶青刺蛾幼蟲，似乎戴著像橘色髮夾的裝飾。

❷黃鏽斑刺蛾的幼蟲長的像外星人。如果觸碰到這種刺蛾的同類，不但會引發接觸部位刺痛，還可能腫到起水泡，因此務必小心。會危害各式樹種。

❸遭潛葉蠅幼蟲啃噬的葉子，別名「畫圖蟲」。

❹柿圓斑病。

有時可見長10公釐的深棕、深紅色毛毛蟲，牠們和柿細蛾幼蟲都會鑽進樹葉中啃食。

另外，柿樹也容易感染由絲狀眞菌引起的柿圓斑病，但並不意味著它將永不結果或枯萎。相反地，這種帶有藝術美的病葉，或許也只有我們人類才欣賞的來吧！

修剪前

落葉樹應該在落葉期行主要修剪，並徹底強剪。
許多開花樹和果樹都會在這段期間長出花苞，因此可以趁機保留帶花苞的樹枝。
6 月過後，當春夏之際樹枝生長趨緩時，就應避免強剪。若該樹種的花果都非主要焦點，也可以在落葉前強剪，以減少落葉量。

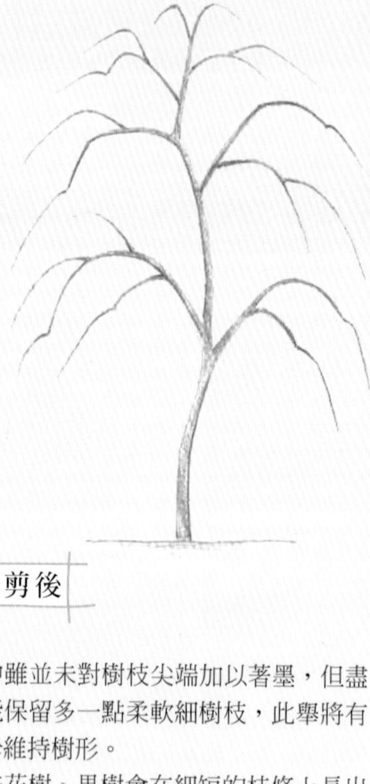

修剪後

圖中雖並未對樹枝尖端加以著墨，但盡可能保留多一點柔軟細樹枝，此舉將有助於維持樹形。
有些花樹、果樹會在細短的枝條上長出花苞，因此注意勿過度修剪。

垂枝

修剪垂枝植物時需要注意的，是保留外芽來塑造樹形。

所謂外芽，指的是枝條下垂時，由上而下覆蓋的突出枝芽。人們往往認為如果不將它們剪掉，整棵樹會看起來很厚重，但其實保留外芽，樹形才會顯得柔和、自然。

整理垂枝樹木時，須保留外芽，再徹底修剪。外芽又稱為上芽。

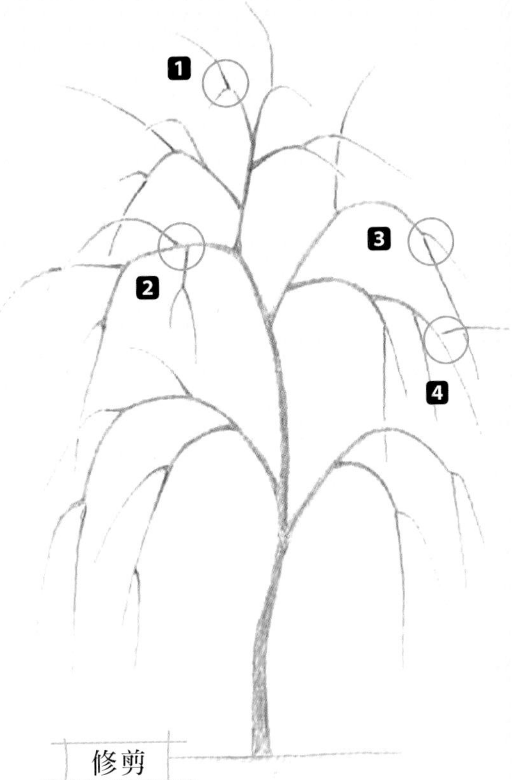

修剪

1 修剪基本上從頂部開始。保留柔軟、形狀良好的垂枝後，剪掉向上生長和糾纏的樹枝，並在決定樹高後依序向下修剪。2 對粗枝採自然式修剪，勾勒大致樹形後，剪掉糾纏枝。3 留下帶有外芽的柔軟垂枝，接著剪掉內側的下垂枝。這也是一種對垂枝的自然式修剪法，將圖上標示紅色的樹枝全部剪去。4 剪掉橫向生長的懸吊枝條，包含外芽在內。

枝垂楓

無患子科／落葉大灌木

修剪時期 6～7月、11～12月

病蟲害 天牛

●葉子比花朵更吸睛

枝垂楓分爲紅枝垂和藍枝垂，會發綠色新芽的爲藍枝垂，紅色新芽則是紅枝垂。兩者葉形皆爲深裂狀，優美地下垂。

紅枝垂在立春後就會從枝頭開始染紅。它的紅色新葉令人印象深刻，但進入盛夏後就會轉成深綠色，直到秋天再變回紅葉。若能在庭院種植紅葉樹，就能爲環境增添對比和深度。

藍枝垂葉會從黃轉橙色，但不會染成紅葉。

柔軟的枝垂楓看起來細膩優雅，能爲庭院增添涼意，因此經常用於日式庭園內，且在西式庭園裡也很受歡迎。

它較不耐旱和夏季高溫，葉子可能變成皺皺的褐色，須慎防缺水。

修剪方法

只要保留外芽（上芽）並稍微修小些，長出新葉後看起來會更加蓬鬆，同時也可以維持樹的大小。

若觀察到粗枝交疊，有時得徹底整枝。最好在冬天處理。

建議的修剪時期爲6～7月左右，此時已長滿新芽，整體樹勢趨穩，也可以在11～12月進入落葉期時執行。

夏天不宜強剪，以避免樹幹受到陽光直射，進而導致裂縫和腐爛。

修剪後

修剪前

把叢生的細枝打薄，並在保留外芽後，以自然式修剪去除生長過旺的徒長枝。

COLUMN

光和植物

光合作用是指陽光照射到植物體內的葉綠素後，利用空氣中的二氧化碳和從根部吸收的水轉化為糖，成為植物養分的過程。

此時，植物會釋放氧氣到空氣中。

然而這並不表示光照越強越好，相反地，每種植物都有自己適合的光照量。

比如像一葉蘭、萬年青等耐陰的草本植物，如果被太陽直射，葉子就會轉為焦黃色。

另外，在同株樹木上，光合作用的效率也會依葉子位置而不同。

在漫長的演化史中，人類和植物已經形成互相交換氧氣和二氧化碳的關係。

因此，若說人類和植物互為彼此的肺臟，其實一點也不為過。

枝垂梅

薔薇科／落葉喬木

修剪時期 6～7月、10月～隔年1月

花期 2～3月

病蟲害 介殼蟲

修剪方法

枝垂梅若不經一番仔細修剪，枝條就會擁擠不堪，變得非常沉重。建議在落葉期後，邊觀察樹枝邊強剪。若想確保花朵盛開，就要在長出花苞後再修剪。

如果樹枝在5月時爆長，可以在6～7月將徒長枝整枝，藉此維持樹形。

一旦放任垂枝不打理，可能導致枝條內側枯萎，最終無法再修飾回俐落的形狀，因此務必每年定期修剪。

由於下垂的樹枝會長成覆蓋貌，因此種植時需要一定的空間。

病蟲害

枝垂梅有時會遭到咖啡硬介殼蟲侵襲，但比一般梅樹輕微。

修剪後

修剪前

保留外芽以形塑成柔和的輪廓，砍掉過長的枝條，以免影響庭院通風。

枝垂櫻

薔薇科／落葉喬木

修剪時期　5～6月、11月～隔年1月

花期　4月

病蟲害　幾乎沒有

●又名垂櫻

井吉野樹的樹齡據說有60～80年左右，但也有許多像枝垂櫻這種被指定爲天然紀念物的植物，既長壽又巨大。有棵在高知縣的枝垂櫻號稱樹齡300年，我們曾受委託去幫忙搭建樹籬，以保護其根部，有些地方枝垂櫻盛開的時間比染井吉野櫻稍晚一點。

〈修剪方法〉

像這種櫻花樹的同類植物，只要從小開始修剪抑制樹勢，就能推遲它們長成參天大樹的時間。弘前市的染井吉野樹據說已有100多年的樹齡，每年都會精心修剪。

〈病蟲害〉

枝垂櫻依開花型態有重瓣品種、深紅花的園藝種等，其中尤以本土種的江戶彼岸櫻對病蟲害的抗性較強，罹病率比染井吉野櫻還低。

修剪後

修剪前

在買入這間中古屋前，家中種的枝垂櫻就已經長到超過2樓屋頂的高度。為了把樹修小一圈，須保留形狀良好且柔軟的樹枝，再將粗枝強剪。建議於冬天落葉期再徹底修剪。

修剪前

爲避免樹形空洞稀疏，修剪時應小心剪掉任何纏結的粗大樹枝，或從源頭整枝。如果砍掉所有糾纏枝，會導致樹形過於稀疏，因此須保留必要的糾纏枝。
隨機分布的樹枝可以爲樹形營造韻味。

修剪後

圖中省略了樹枝尖端，但只要盡可能保留柔軟的細枝，就有助於維持樹的形狀。有些開花樹、果樹會在細短的枝條上長花苞，所以不要剪太多。

雜亂無章的植物

遇到樹枝往四面八方亂長的樹木最難修剪。修剪這類植物，首要得先決定樹枝分布再下刀，以整體協調性為優先，就連通常會砍掉的下垂枝，也應視情況保留。

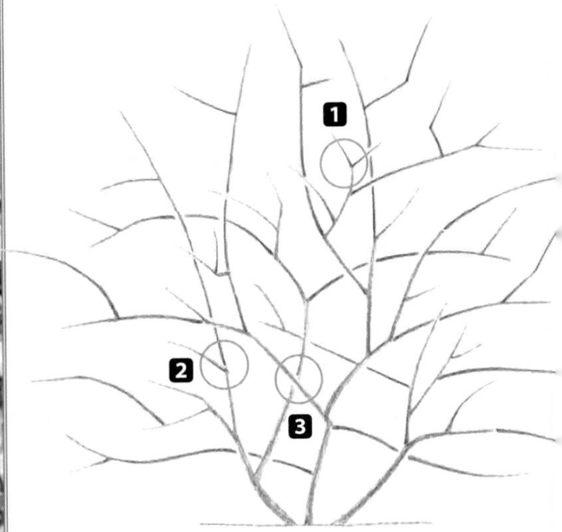

修剪

1 基本上從頂部往下修。首先決定樹的高度，保留樹頂中間的枝條，再採自然式修剪依序往下處理。過程須兼顧樹形與樹枝分布。2 砍掉圖中所有標示紅色的枝條，將大型糾纏枝截剪或從出枝處剪掉，並確保樹形完整。3 如有需要，大型糾纏枝也可以保留。

光蠟樹

（別名：白雞油）

木樨科／常綠喬木

修剪時期 3～12月（避開酷暑時期）

花期 5～7月

結果期 8～9月

病蟲害 幾乎沒有。偶有條首夜蛾、北部桃六點天蛾、小褐偽瓢葉蚤

光蠟樹因其常綠色澤和柔和氣氛而廣受歡迎，許多人種植時會引導它們從地面長出多幹型態。不過這種樹長很快，放任不管可以長到15公尺高，雖然剛種的時候可能還好，但當它長得太大時，很多人又後悔不已，因此種植時要定期修剪，不可忽略。若真的長成參天大樹，也可以考慮請專業的人幫忙操刀。

如果把它種植在地上，很快就會長成一棵大樹，也可以把它種在盆栽裡當觀賞植物欣賞。

它是原產於沖繩地區的樹木（故日文名稱冠上島嶼一詞），因此在嚴寒地區很難生長。由於光蠟樹為梣屬植物，容易讓人聯想到做成球棒或晒米架的梣木，但梣木是日本本土種，和光蠟樹不同。

修剪方法

建議在3～12月之間修剪，不過要避免寒冬或酷暑時期。10～12月間切勿強剪。

光蠟樹容易亂長，因此要在保持整體平衡的情況下分布樹枝，並去除重疊枝。

它的枝尖會開出一簇簇美麗的小白花，但由於每年都須強剪，所以比較少見。這種樹的看點主要在常綠樹葉不在花，但如果想欣賞花景，就得避免在花開的初夏時節前修剪，直到花開完後再執行。此外，幼樹不太可能開花。

病蟲害

基本上不易受到病蟲害的影響，但偶爾也會遭到北部桃六點天蛾和條首夜蛾侵擾。由於光蠟樹是木樨科，因此也可能吸引小褐偽瓢葉蚤，其不論幼蟲或成蟲皆以木樨科為食。

修剪後

修剪前

對長勢過旺的枝條採自然式修剪，並砍去重疊枝。不過因為這裡有遮窗的需求，因此不宜過度修剪。

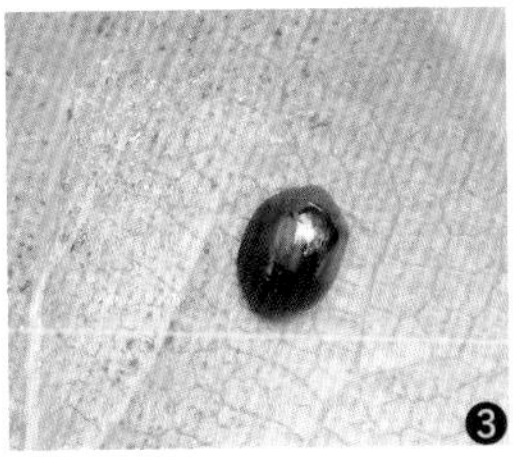

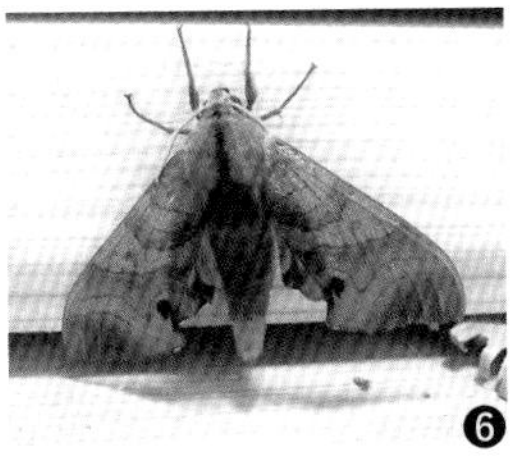

❶光蠟樹的花（提供者／岩谷美苗）

❷條首夜蛾幼蟲，愛吃木樨科植物，由於同科的日本女貞、柊樹近年比較少種在庭院裡，因此高人氣的光蠟樹經常遭殃。

❸小褐偽瓢葉蚤成蟲，也是常啃食光蠟樹的害蟲之一。

❹～❻北部桃六點天蛾的卵、幼蟲、成蟲。

油橄欖

木樨科／常綠喬木

修剪時期 4月

花期 5月底～6月

結果期 於晚秋採收

病蟲害 橄欖橡皮蟲、炭疽病

●不耐寒

據說在南歐有樹齡超過1000年的油橄欖神木。由於木質堅硬，因此也用於製作餐具、砧板、刀叉湯匙等。因爲它的樹形柔和，與現代建築相配，所以在日本備受歡迎，近年來常見於庭院裡。奶油色的小花雖然不顯眼，但很可愛。

油橄欖喜歡排水性佳的土壤，但如果忘記澆水也可能導致它枯死，也不耐寒。

書上大多說它在「2月處於休眠狀態時，可以隨意修剪」，但它明明不耐寒，總覺得要在冬天修剪還是有點耐人尋味。我有位朋友從事有機橄欖油的產銷，據他說近年來義大利會在4月左右進行修剪。如果在冬季強剪，當天氣突然回暖，油橄欖就會誤認爲春天來了，並發出新芽。一旦在缺少葉片的狀態下驟然變冷，新芽就會承受不住寒冷，導致樹木受損。爲此，因應世界各地變化劇烈的氣候環境，我也認爲在日本應於4月左右進行修剪爲佳。

修剪方法

油橄欖的枝條生長無序，應修剪讓枝條與葉片密度更均勻。由於它生長快速，如果不徹底修整掉徒長枝，不久就會變成一棵大樹。

採收橄欖

據說，油橄欖從插枝到結果需要5年以上的時間，從實生苗到結果則超過15年。花朵綻放於當年長出的新梢上，所以如果希望油橄欖結果，就要盡可能地留下新芽。另外，如果花期施肥不足或雨水較多，也會造成結果困難。雖然單株就能結果，但至少種植2株以上不同品種的橄欖，將更有利於授粉。

如果種植空間有限，就得不斷修剪以避免它們長得太大，最終導致難以結果。但若木已成舟，比起採

修剪後

修剪前

種在花壇裡的油橄欖樹格外引人注目。該樹種枝條容易叢生，因此要修剪過長的樹枝，維持在約 2 公尺高。

收果實，倒不如更專注於享受綠意美景。

病蟲害

如果看到油橄欖的樹幹被吃掉一圈，就必定是橄欖象鼻蟲幹的好事。這種蟲的名字聽起來洋派，但其實是日本特有種，默默地危害著日本女貞和水蠟樹。通常油橄欖在被昆蟲啃食時，會釋放名爲橄欖苦苷的忌避物質，但該物質反而會痲痺橄欖象鼻蟲的飽足中樞，導致牠毫無節制地暴食。因爲這項發現受到關注後，「橄欖象鼻蟲」便再也不是無名昆蟲了。

❶花
❷橄欖
❸橄欖象鼻蟲

貝利氏相思

（別名：含羞草）

豆科／常綠大灌木

修剪時期 開花後～7月

花期 3～4月

病蟲害 介殼蟲、白粉病、煤煙病

●容易因颱風和雪折斷，不耐寒

貝利氏相思、銀荊在日文中的俗稱和含羞草同名，語源來自含羞草屬的學名。

最近在同為豆科的近似植物中，依不同葉色和形狀特徵，可見金黃葉色的刺槐、銀色葉絨的珍珠合歡，以及葉片呈三角形的三角楮等各種樹種。

在日本關東南部的3月左右，貝利氏相思會開出絨球狀的可愛小黃花，吸引花蜂前來汲取花蜜。花蜂幾乎沒有任何攻擊性，只要不去嘗試抓握牠們就不會遇襲。唯有善待牠們，才能幫助各種植物完成授粉。

這種植物幾乎都產自澳洲，生長極為迅速，但也因此樹齡較為短暫。為了幫它們延壽，就得每年妥善修剪，以壓制成長速度。

此外，由於它們不耐寒，故難以在嚴寒地帶生長。貝利氏相思在一年內就會快速成長，因此每圈年輪的間距都很寬，且由於它的樹幹和樹枝都很柔軟，所以遇到颱風或大雪時容易被折斷。一般來說，有機園藝師們盡量不會對植物裝設支撐架，即使樹木被強風吹到搖晃，也依靠其自身根部的抓地力撐住，以免裝了支架後植物的抓地力變差，但是像貝利氏相思、桉樹這種植物，大多仍需要支架的輔助。

修剪方法

可以在花期過後到7月之間進行強剪，透過減輕整體重量來降低颱風災情。若入秋後才修剪會把花苞都剪掉，有時就無法開花。這種樹木的枝條長得很雜亂，建議先砍掉顯眼的徒長枝，再加以整枝。

有的樹種會從地面長出許多枝幹，此時對枝條要有所取捨，將整株樹木修剪到通風良好的程度即可。

桉樹和貝利氏相思的樹形極為相似，因此修剪方式可以比照執行，但它相對不耐強剪，須留意修剪過猛導致枯萎。

修剪後的貝利氏相思

修剪前的貝利氏相思

如果不徹底修剪，這種植物很快就會長成一棵大樹，茂密的枝葉也容易因颱風或積雪折斷。建議定期將長過頭的枝條行自然式修剪，並在觀察枝條分布後砍掉過重的樹枝。

貝利氏相思的花

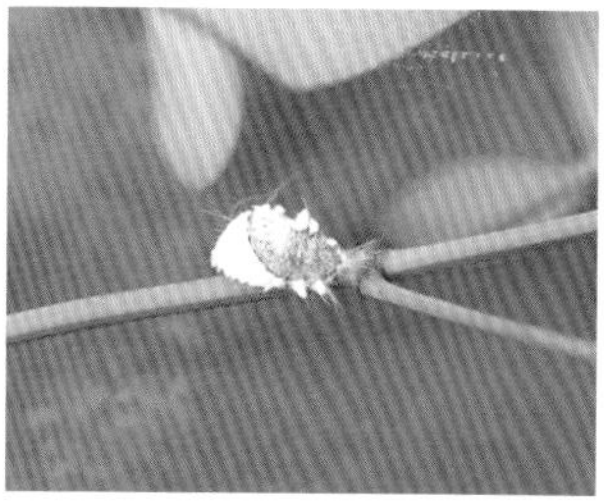

容易遭到吹綿介殼蟲侵襲。如果不經常打理，就容易成為貝利氏相思和桉樹上的常客。（圖中植物為南天竹）

〈病蟲害〉

若不經常打理，貝利氏相思和桉樹會愈長愈密，容易因通風不良引發白粉病，遭吹綿介殼蟲侵擾的機率也隨之增加。更糟的是，吹綿介殼蟲的分泌物發霉後會變得黑黑髒髒的，最終導致煤煙病。

修剪後的桉樹

修剪前的桉樹

雖然貝利氏相思和桉樹是不同樹種，但修剪方法幾乎相同，像這棵樹剛種下不久就被風吹歪了，所以我用支架牢牢地固定住。

多花紅千層

（別名：瓶刷子樹、紅瓶刷）

桃金孃科／常綠大灌木

修剪時期 6～12月

花期 5月

病蟲害 幾乎沒有

●全日照。不耐寒

多花紅千層能開出獨特的刷子狀紅花，種在院子裡略顯突兀，因此在西式庭園裡較常見。這種植物不耐寒，喜歡陽光充足的地方。依花期有分初夏、秋季開花型，也有四季開花的品種。它原產於澳洲，生長迅速，幾乎沒有病蟲害，但樹木的壽命不長。

修剪方法

如果不定期修整，樹枝就會雜亂生長，導致通風不良。待花期過後，可以從出枝處剪去枯萎的樹枝或過於茂密的枝條。

會從早春時的新梢上開花，因此不宜在3月後修剪，以免開花不良。

修剪後

修剪前

胡頹子

胡頹子科／落葉灌木（胡頹子為常綠灌木）

修剪時期　12月～隔年2月

花期　木半夏4～5月、胡頹子10月

結果期　木半夏6～7月、胡頹子5～6月

病蟲害　葉蟎、蚜蟲、白粉病、煤煙病

●種類五花八門，依花期和結果期而異，樹枝上有刺棘。

胡頹子有很多種類。其中，木半夏和其亞種會在6月結果，由於亞種能結出約2公分大的果實，故日文裡又名大王胡頹子。胡頹子的果實帶有白色斑點，看起來不怎麼好看，不比木半夏和其亞種的果實美觀，也有秋天結果的胡頹子屬植物，名爲牛奶子。

修剪方法

這類植物在成長期時會於一年內迅速生長，此時應保留短枝，剪去徒長枝。如果希望它開花結果，就得種在寬廣的土地上。修剪太猛會害它結不出果實，若成長期間總是過度修剪，它們就會努力生長枝葉行光合作用，導致植株消耗過多能量，最終無法結果。

修剪時須小心表面的刺。

病蟲害

這類植物容易罹患白粉病。若新芽引來蚜蟲，其分泌物發霉後易造成煤煙病，使葉片變得黑漆漆的很難看。此外，也常出現葉蟎。

修剪前

將長勢旺盛的枝條行自然式修剪，再砍去直立枝和糾纏枝。由於柔軟的短枝較容易結果，因此應盡量保留。

修剪後

石榴

千屈菜科／落葉喬木

修剪時期 12 月～隔年 3 月

花期 5 ～ 7 月

結果期 9 ～ 11 月

病蟲害 天牛、蚜蟲、白粉病

石榴有觀賞用的花石榴、食用石榴和月季石榴之分。花石榴爲重瓣花型，一般不結果。月季石榴的花朵和果實都比一般石榴小，因此較不適合食用。市面上販售的石榴通稱大果石榴，味道鮮美，但容易遭到天牛侵襲。

修剪方法

砍掉直立枝和徒長枝後，保留較短的枝條將有利花苞生長。修剪時須小心樹枝上突起的棘狀物，最好穿戴長袖上衣和皮手套以免受傷。

COLUMN

石榴記憶

在我年輕時，曾經去印度當背包客旅行。

當時我搭乘一輛後篷敞開著的共乘巴士，看到一個穿著整齊的男孩和他的母親坐在一起。男孩的手伸到篷外，從攤販手上的竹籃取走一顆石榴，再由他母親付錢。

這一幕就像電影場景一樣，深深烙印在我的腦海裡。

賣石榴的男孩和買石榴的男孩看起來都是10歲左右。透過石榴這個媒介，反映出兩個男孩間的巨大鴻溝，令我震撼不已。

在那灰階的棕色調背景前，唯有石榴泛著紅光。不曉得那些男孩如今都成長為怎樣的大人了呢？

病蟲害

若樹根上有木屑沉積，即爲天牛肆虐過的證據，請參考第100頁作爲防治對策。雖然蚜蟲也是常客，但我曾親眼目睹天牛和日菲繡眼啃食石榴的現場。此外，石榴也會得白粉病，但好在柯氏素菌瓢蟲（第84頁照片）可以幫忙吃掉病菌。

修剪後

修剪前

石榴容易冒出許多直立的徒長枝，基本上應全部砍掉。

醉魚草

（別名：閉魚花）

玄參科／落葉大灌木

修剪時期 12月～隔年3月

花期 5～7月

病蟲害 蚜蟲、鬼臉天蛾

●花朵氣味香甜，會吸引各式蝴蝶前來。耐寒、耐暑。

醉魚草的幼苗很小，因此許多人將它們種植在狹小的空間中，但如果多給它們點空間生長，它們會長得非常茂密。

如果想種但眞的沒有空間，也可以選擇種在花盆裡。不過因爲醉魚草的根系會從盆底鑽出來，所以別忘了在盆下放塊大板子，時時確認盆下的動靜。

醉魚草大多開紫花，也有開淺粉紅花、深紫花的種類，甚至偶爾也能看到白花品種，可謂五花八門。

它們喜歡陽光充足的環境，不喜歡潮溼。這種樹如果種在合適的地方，就算不澆水也能活得很好，其強韌可見一斑。在溫暖地帶，它們入冬也不會枯萎，以半落葉的型態迎接春天。

拜醉魚草招蜂引蝶的功力所賜，這種植物在英文甚至有「蝴蝶叢」的稱號。對喜歡蝴蝶的人而言，在庭院種棵來賞玩也不賴。

修剪方法

它們會從春天萌發的枝條長出花苞，因此適合在12月～隔年3月間剪掉去年生長的枝條。由於樹形容易長亂，建議每年定期修剪，同時幫助樹木汰換樹枝，讓留下的枝條上長出更多花苞。基本上不管怎麼剪，新長出的樹枝都會長花苞，所以非常適合新手，但同時也很考驗修剪人的美感。爲了確保整體協調性，修剪時應時不時遠離樹木，大至整個庭院、小至整棵樹都看一輪後，再一邊修剪爲佳。

病蟲害

醉魚草生長快速，如果一味讓它愈長愈茂密，不但通風會變差，更容易引來蚜蟲。我還曾經目睹鬼臉天蛾出沒在樹上，看到牠的終齡幼蟲長到跟手指一樣長，把我嚇了一大跳。聽說鬼臉天蛾成蟲的背上會長出骷髏般的花紋，但我還沒親眼見過。

❶修剪後的模樣。如果樹枝數量較少，可以截剪以調整樹形。
❷修剪完5個月後，開花的醉魚草。
❸受醉魚草花香吸引而來的黑鳳蝶。
❹小豹蛺蝶的同類。
❺體型龐大的鬼臉天蛾幼蟲。

白樺

（別名：樺樹）

樺木科／落葉喬木

修剪時期　11 月～隔年 3 月

花期　4 ～ 5 月　**結果期**　9 月

病蟲害　天牛、美國白蛾、黃刺蛾、等節臀螢葉甲、蘋掌舟蛾、舞毒蛾

●忌化學肥料

白樺喜歡涼爽的地方，例如高原，不適合種在內陸平原等地，尤其是在高溫高溼的夏天會特別脆弱，因此熱死的情況也不在少數。建議選用小樹苗種植，好馴化它對環境的耐受力。

對白樺不宜過度修剪，才能展現其自然韻味，維持美麗的樹形，最好種在寬敞的環境。這種樹生長迅速，雖然一下子就能長很大，但樹齡極短，據說只有20～30年左右。

它們不喜歡化肥，所以如果一定要施肥，就適量施灑有機肥即可。

修剪方法

基本上皆採自然式修剪，不過一旦經過裁剪，白樺就會往四面八方胡亂生長，還會長出下垂枝等不良枝，打亂原本美麗的樹形，因此修剪時得觀察整體的平衡後再下刀。

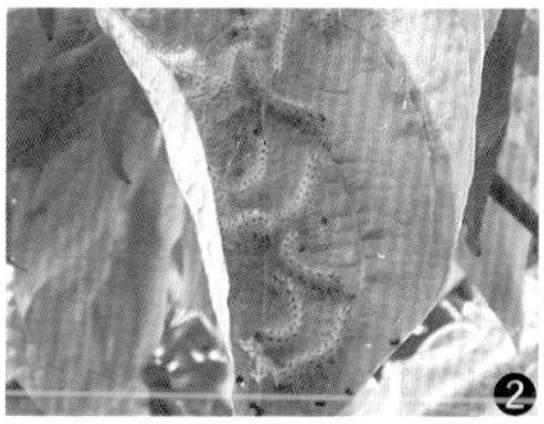

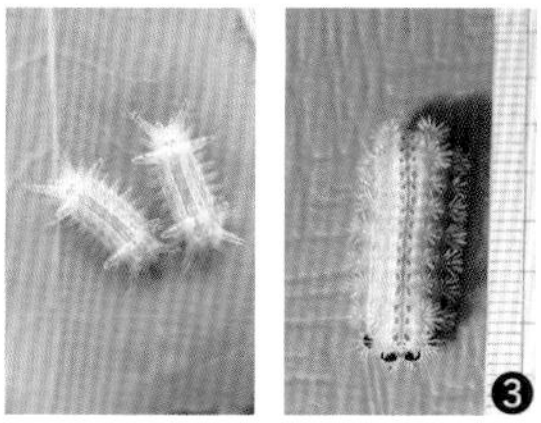

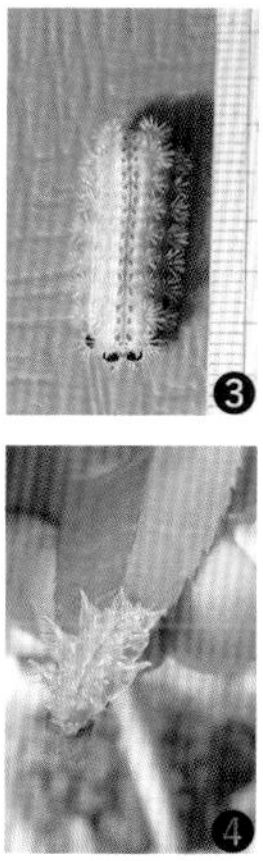

❶白樺是愈少修剪愈能維持美麗樹形的植物。

❷美國白蛾幼蟲。

❸青刺蛾的初齡（左）、終齡（右）幼蟲。

❹冠刺蛾幼蟲。

❺黃鏽斑幼蟲。

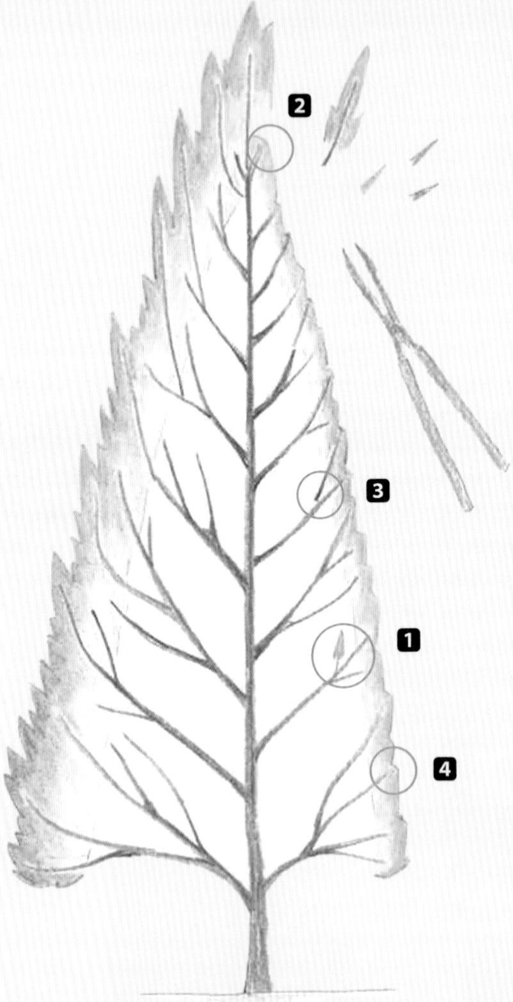

截剪時建議由下而上進行，比較好塑形。

1 針葉樹容易在內側累積枯萎的枝葉，因此截剪完後記得清除枯枝、枯葉和髒汙，並保持樹體通風良好，以利內側萌發新芽。2 對樹頂強剪到只剩幾片葉子。3 如果無可避免在粗枝表面留下切口，盡量讓它留在朝內側。4 下半部葉子減少時容易導致樹枝枯萎，所以對下半部要採弱剪，並盡量留下葉子。

針葉樹

除了葉子呈針狀的松樹和日本柳杉之外，像羅漢松等寬葉樹，以及日本花柏、日本扁柏這種鱗葉樹木，都被歸類為針葉樹。

若把針葉樹枝條上所有的葉子都剪掉，該樹枝就會枯萎。因此就算強剪也得留下一些葉子，並修成上疏下密的結構。

如果樹頂太茂密，下半部往往會逐漸枯萎。

雖然也有許多耐寒耐熱的高大樹種，但因根系短淺所以不耐旱，要特別在夏、冬兩季注意缺水問題。

自古以來日本庭院經常種植的針葉樹種都耐截剪，但近年引進的外來種容易在強剪後枯萎，得多加留意。

針葉樹不僅能撐過寒冬，同時也是瓢蟲夏眠時的柔軟溫床。

側柏

柏科／常綠針葉大灌木

修剪時期 3月、10～12月

花期 3～4月。花期後結出的毬果長的很像彩色金平糖

病蟲害 幾乎沒有，偶有角麗毒蛾、蓑蛾。

●枝葉平直通往樹頂，耐寒、耐熱性強。

美國側柏是最近流行的外來物種，高度可達5公尺左右，冬季時葉子會帶點紅色。日本種樹形呈橢圓形，而外來種則呈圓錐形。

修剪方法

由於側柏一類不耐修剪，因此可以使用修剪器或植木鋏來調整外部形狀。如果樹形在多次修剪後卻愈來愈厚重，就應著手整理樹枝。初步處理後，先把截剪下的枝葉用手拂落，並把樹上已枯黃的葉片擰下來。只要剪下的枯葉堆積在樹枝分岔處，就很難長出新葉。戴皮手套輕拂樹枝內側，像按摩一樣除去裡面的枯葉，

❶截剪側柏時，建議由下而上塑形，愈往上愈適合強剪。

❷修剪掉的枝葉容易堆積在樹枝分岔處。

❸修剪後，用手把樹上的枯葉擰下，並把步驟❷堆積的枝葉拍落。

❹出枝處的枯葉一樣用手擰去即可。

幫助葉子從內側新生，下次強剪時就可以把樹修小一圈。

另外，如果綁支柱的繩子把樹捆太緊，可能會導致頂部枯萎。

修剪前的側柏

強剪上側，弱剪下側，保留綠意。

修剪後的側柏

龍柏

柏科／常綠針葉喬木

修剪時期　除1～2月、8月以外皆可

病蟲害　赤星病、銹病

●耐海風、空氣汙染

日本地方政府明文禁止在梨子產地附近種植龍柏，因為它是赤星和銹病的中間宿主。赤星病菌會潛藏在龍柏中過冬，並從早春開始附著在梨子等薔薇科植物的葉子上。除梨樹外，皺皮木瓜、木瓜和苦瓜等植物也容易受到影響。

修剪方法

只要每年都好好修剪，就能輕鬆維護。問題是一旦放任多年不打理，枝條會變得鬆散、粗大，最終難以修剪，且不易修小。

如果修剪過猛，它會出現「返祖」現象，長出像日本柳杉才有的堅硬刺葉。龍柏是刺柏的芽變品種，普遍認爲是刺柏細胞受到某種刺激後，才突變成龍柏。返祖係指該植物具備和原型植物相同性質的現象。

過去人們因認爲龍柏「不喜利刃」，因此常用摘葉的方式取代修剪。這種作法能讓整體看起來柔美，但卻會導致樹形愈發膨脹。考量住宅整齊度，且爲了保持樹形，就必須用刀刃修剪。

有時看到從庭院伸出到路面的龍柏，總是忍不住爲馬路上受迫的行人和腳踏車捏一把冷汗。遇到這種情況，儘管可能出現返祖現象，也得果斷強剪。

強剪後可以改善通風和採光，讓新葉更容易從枝條內側長出，如此，下一年就可以再加強修剪力道，雖然需要時間，但可以將樹木逐漸修小。

需要注意的是，如果剔除枝條上的所有葉子，可能導致樹枝枯萎。

修剪後

如果完全不打理，龍柏的樹形就會長成火焰狀。

一旦長太大就很難再修小，因此為了保持樹的形狀，就必須持續對它強剪。如果表面出現粗枝，就從其背面下刀修掉。

修剪前

返祖後的葉子

日本花柏／日本扁柏

柏科／常綠針葉喬木

修剪時期　6月中～7月中、9月、12月

花期　4月

結果期　10月

病蟲害　幾乎沒有

●全日照到半日照

過去多將它種植來綠化環境或打造成樹籬等，因此這類樹種較常見於古風的日式庭院裡。最近，由於大部分都被外來種的針葉樹種所取代，因此種植的人變少了。其實它們耐修剪、病蟲害又少，還是很有利用價值的。

如果種在耐陰處，植株下半部和朝北處可能會枯萎。

〈修剪方法〉

基本採截剪，再將枯葉摘除。

如果把葉子剪光，樹枝就會逐漸枯萎，因此要小心不要剪過頭。

當樹頂長得過於茂密，下半部的樹枝就容易自然枯萎，因此最好果斷去除上部的樹枝。

埼玉縣飯能市竹寺裡的日本扁柏

修剪前的日本花柏

修剪後的日本花柏

這種樹一旦徒長，內部枝條就會枯萎，因此很難只靠單次修整達到修小的效果。此時建議用棕櫚繩把樹枝寬度拉窄，並同時進行修剪。隔年，如果樹枝後側長出葉子，再依序將其短截修剪，以縮小樹形。只要每年重複作業，就能逐漸修小。

香冠柏

柏科／常綠針葉喬木

修剪時期 除1～2月、8月以外皆可

病蟲害 幾乎沒有

●搓揉葉片可產生香氣

香冠柏的新葉呈美麗的黃綠色，修剪後會散發出清爽的香草味。

經常有人在聖誕節時購買香冠柏的小盆栽，把它們種植到地上後，過沒多久就會長得非常高大，我甚至還看到生長超過2樓屋頂的，而最常見的情況，是人們只修剪手能搆到的樹底，導致樹的下半部徹底枯萎。

香冠柏產自北美，在歐美應該幾乎沒有修剪這種植物的習慣。我猜當地多半經歷以下循環：任它自然生長、放著不管、等長太大時再修剪。

修剪方法

這種植物忌用剪刀修剪，一旦持續遭到截剪，它就會轉成褐色並枯萎。然而，如果因空間限制無法將其保留原樣，則即便冒著樹木枯死的風險，也得將它修剪成圓錐形（參照第138頁「側柏」）。此外也要儘早摘心（砍去生長主枝或主幹）。

如果從地面附近下刀，它就不會從切口處再生長了。

巨大無比的香冠柏

羅漢松

羅漢松科／常綠針葉喬木

修剪時期　6月、9～10月

病蟲害　蚜蟲、煤煙病

羅漢松長勢強勁，對空氣汙染、海風的耐受性強。

過去常被打造成門廊（參照第53頁照片），但現在已經不常見了。對羅漢松、黃楊、全緣冬青等樹種，通常會截剪後再整枝，也常修成球簇狀或自然樹形。球簇狀指的是連枝帶葉修剪成圓球形，也可以用截剪修飾。

這種樹以前也常用做樹籬，但現在較少見。

修剪方法

建議從出枝處截剪徒長枝，如果每年定期修剪，就只須剪去一年內生長的枝葉即可。

修剪成球簇狀後

強剪向陽側，弱剪北側和下半部樹枝。基本採截剪，但如果樹枝長得太茂密，可再行整枝

修剪成球簇狀前

松樹

松科／常綠針葉喬木

修剪時期 5 月摘芽、10 月～隔年 3 月疏葉

病蟲害 赤松毛蟲、蚜蟲、黃毒蛾、松材線蟲

●喜日照。即使在貧瘠的土壤中也能與菌根菌共生。

松樹的種類繁多，但庭園中最常見的是黑松、赤松和日本五葉松。

過去，人們經常把松樹打造成門廊（見第53頁照片），但近年來幾乎沒人再重新種植，反倒是委託砍伐的人數增加了。家中庭院有松樹的多半是前幾代所種植，不然就是買中古屋附的。

雖然難免和上一代或前任屋主有不同的價值觀，但不斷嫌棄這個既定事實，對松樹來說也是無端遭罪。其實心懷感激將它們砍伐掉，亦不失爲一個選項。畢竟人應該把握「現在」，如果能在庭院享受當下氣氛，也有助心理健康。

生長旺盛的黑松新葉，將長成茂密的樹枝。

日本五葉松的粉紅色雄花，十分可愛。

砍伐松樹的另一個原因是「維護、管理要花很多錢」。日本修剪松樹的技術很特別，稱作「摘芽」，亦即耗費時間用手摘去新芽，或是循古法手工「疏葉」等。

也許是因爲舊時日式宅邸總是種滿華麗的樹木，且經常有園丁修飾庭園，因此不僅松樹，連全緣冬青、龍柏等樹木都採很費工的打理方法。由於這種作法在預算有限的情況顯得不切實際，所以建議用大樹剪盡量維持樹形即可。

修剪後的日本五葉松

修剪前的日本五葉松

摘芽的方法

❶選擇生長旺盛的新芽。

❷把新芽從底部摘下來。

❸如果出枝處有小芽，則予以保留。

❹摘芽作業中（圖為黑松）。

病蟲害

我曾看過短翅細腹食蚜蠅在松樹的枝條間穿梭，想必是爲了捕食蚜蟲。

另外，在細細的松葉上，居然也能冒出草蛉蟲卵，人稱優曇婆羅花，是蚜蟲的天敵。

有時也會看到黃毒蛾或赤松毛蟲出沒。如果徒手觸碰牠們會造成皮膚痛癢，但只要不直接碰到就對人體無礙。此外，黃毒蛾不僅啃食松樹，還危害多種其他樹種。

僅 1 個月就枯死的松樹，推測是被天牛科昆蟲狹帶的松材線蟲感染所致。

❺赤松毛蟲幼蟲，容易造成某些人皮膚發癢。

❻黃毒蛾幼蟲，雖也會導致皮膚發癢，但不如茶毒蛾的影響嚴重。

❼短翅細腹食蚜蠅幼蟲，可能受蚜蟲吸引而來。

❽短翅細腹食蚜蠅成蟲。

❾雲紋瓢蟲。我曾看過牠飛到針葉樹上休息，以及捕食蚜蟲的畫面。

❿停在松枝尖上的異色瓢蟲幼蟲，牠們以蚜蟲為食。

COLUMN

螞蟻是害蟲嗎？

有人說「螞蟻是害樹木腐爛的禍首」，但其實螞蟻辦不到這件事。螞蟻在樹上的工作，只是把木腐真菌搬出去，再把裡面打造成自己的巢穴而已。換言之，沒有木腐真菌的環境反而更有利樹木製造防禦層。

另外，有些人看到螞蟻出現在木屑上，又說那些木屑「都是螞蟻搞出來的」，還真是天大的冤枉。螞蟻只是將天牛挖鑿的洞鋪成通道或巢穴，為此才要將木屑搬出巢外。

螞蟻也會以各種飛蛾和幼毛蟲、毛毛蟲的卵為食。別看牠們身體小，卻異常強壯，還能和一些意想不到的生物共生，比如冒充螞蟻來獲取食物的蟻塚蟋蟀、請螞蟻幫忙養育幼蟲的黑灰蝶，以及在巢穴內蓋假牆，再捕食螞蟻卵和幼蟲的微蚜蠅幼蟲等，這些舉動從人類的角度來看可說是充滿大愛。這麼看來，螞蟻應該也該洗白了吧！

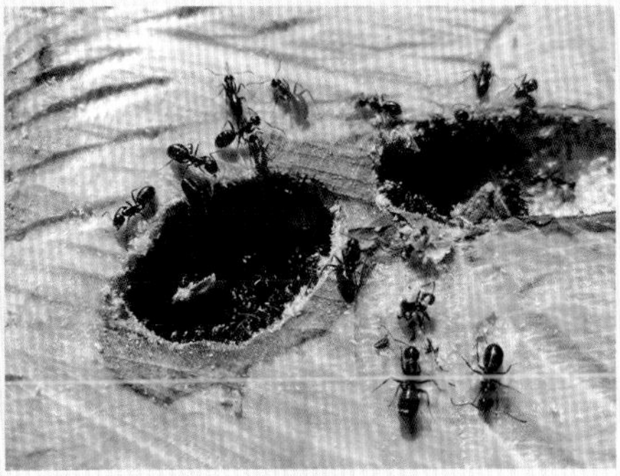

把木腐真菌搬出去的螞蟻。

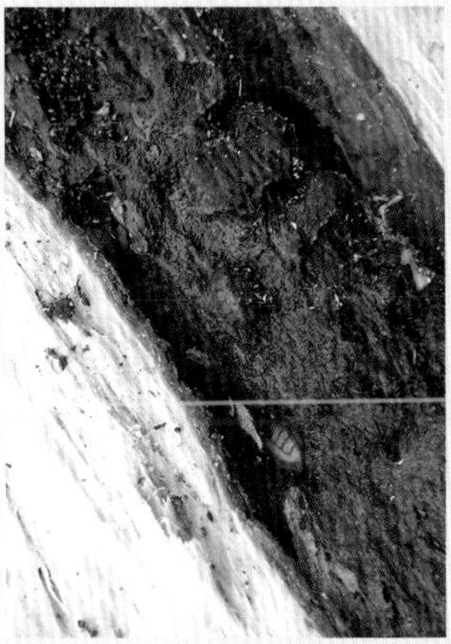

微蚜蠅？這種神祕生物和螞蟻一起待在碎木材的木腐真菌附近。牠們長得很像針包，前所未見的外形吸引許多昆蟲愛好者，紛紛希望一睹為快，卻被我當成柴火燒掉了。

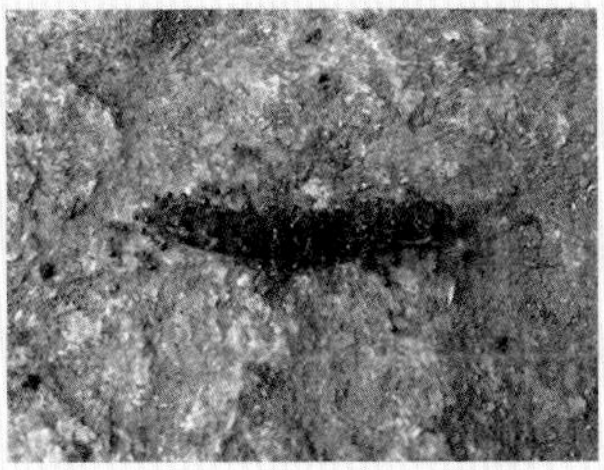

試圖肢解捲心菜蛾的群聚螞蟻。

❶ 先決定攀緣植物的主枝，再把它牢牢固定於棚架或支柱上，約 2～3 年後再重新綁定。如果放著不管，綁住的地方會被枝條淹沒，終至死亡。❷ 不論哪個季節，將圖上標示紅色的徒長枝從出枝處剪下。❸ 在凌霄、多花紫藤進入落葉期時，先保留冬芽，再從攀緣枝的起點剪下。❹ 爬牆虎類植物則是把徒長枝從出枝處剪去。就算是較短的攀緣型態，也要針對茂密的地方疏枝，以確保通風良好。

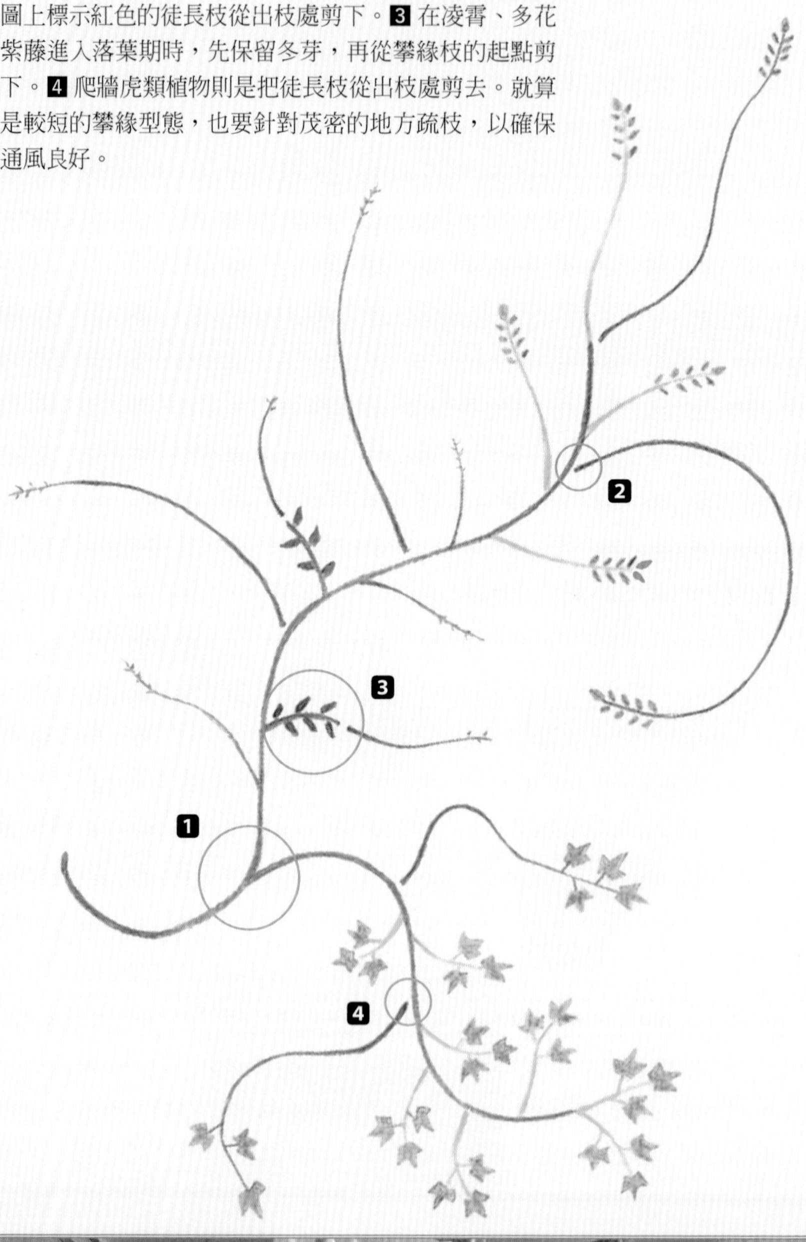

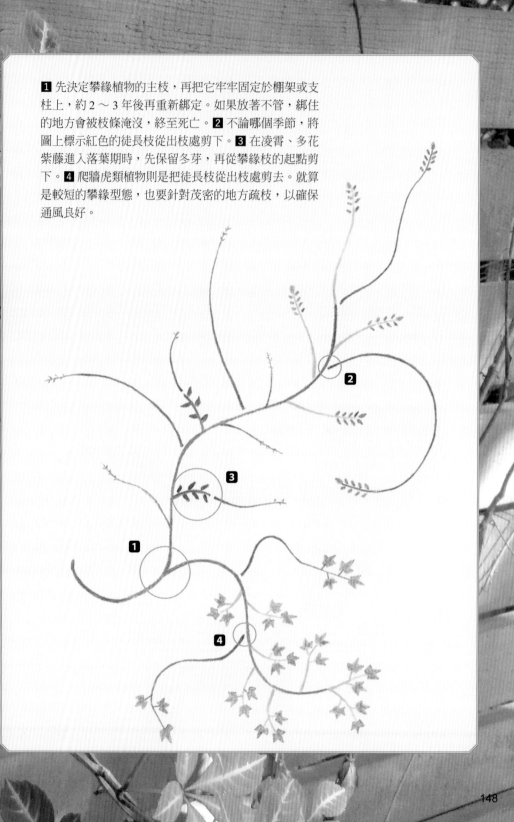

攀緣植物

有些攀緣植物傾向附著於牆體表面，有些僅會纏繞。

若在下刀時沒有確認攀緣植物的基本特性，可能害它們長到一半就凋零，因此務必細心確認特性後再逐步修剪。此外，遇到生長過密的情形時，甚至得從地表的枝條分支處往上整理。

打理攀緣植物相當耗費心力，若不用心維持卻任其生長，最後可能難以收拾。在決定種植之前，要仔細思考是否真的想種，或者有無其他替代的植物選項等，都是至關重要的心態。

奇異果

獼猴桃科／落葉木質藤本

修剪時期 12 月～隔年 2 月

花期 5 月

結果期 10 ～ 11 月

病蟲害 廣翅蠟蟬科

●雌雄異株

奇異果樹是雌雄異株，除非同時種植雄株和雌株，否則不會結果。另外，採光不佳時也不利結果。奇異果的重量很重，因此要搭建一個堅固的架子，並在冬季結霜前採收。

修剪方法

一般在它進入休眠期，亦即寒冬時進行修剪。把生長旺盛的藤蔓修剪至三分之一長度，並從出枝處剪掉粗大、過於茂盛的枝條。如果不這樣做，樹枝會愈長愈擁擠，採光和通風也會變差。

確立主枝，剪掉生長太旺的徒長枝，均勻分布細軟的枝條。

採收果實

通常樹結不出奇異果，是因為3月長出的花苞被剪掉，或是花沒有成功授粉。如果要保證授粉，就得儘早從雄株採集雄花，將雄花粉塗在剛開花的雌蕊上。

如果奇異果持續留在樹上，樹木就會衰弱，所以應多多採收，避免把它留在樹梢。

有人認為施肥是必要的，但市售的油粕類肥料大多從己烷等化學溶劑提煉而來，因此一定多少會有化學溶劑殘留，而由於大部分骨粉是由家畜的骨頭製成，也可能殘留家畜飼料中的抗生素和生長激素。

因此，如果不嫌麻煩，不妨多用自製廚餘堆肥或落葉堆肥吧！

病蟲害

如果不控制奇異果樹的長勢，一旦引來青蛾蠟蟬和帶紋疏廣翅蠟蟬等害蟲，樹木就會製造白色的軟爛分泌物，看起來很不美觀。不過，這也不代表植株因此就枯萎了。只要修剪改善通風性，隔年就有機會避免再次發生。

雄花

雌花

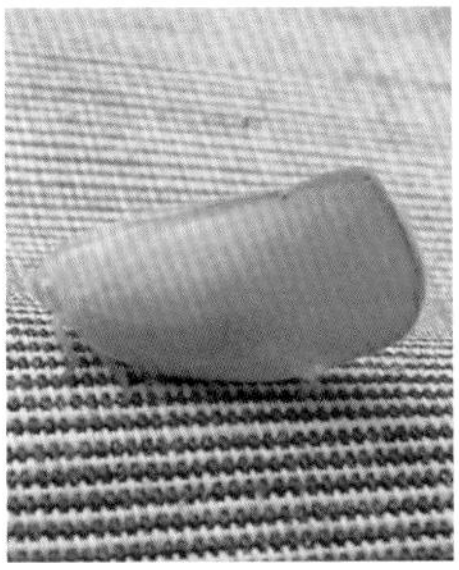
青蛾蠟蟬成蟲，又稱青羽衣。

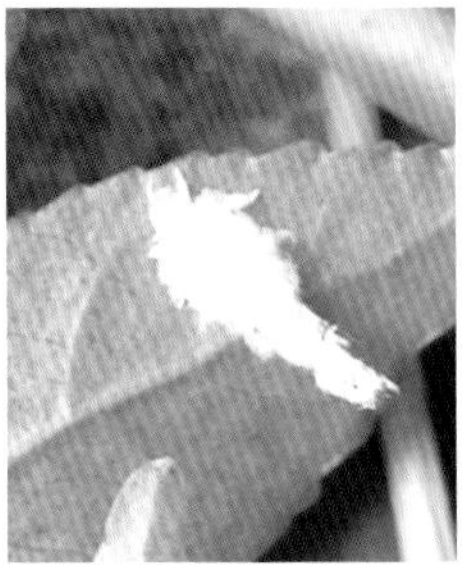
青蛾蠟蟬幼蟲

COLUMN

和園藝師的相處之道

顧客常跟我們說「全權交給你處理」。

但只要再仔細詢問，就會得到較具體的回答，像是「和鄰居間的樹籬希望不要太高，方便彼此打招呼」等等。

園藝師的經驗和技術是必不可少的，但還是要接獲確切的需求和指示才行，諸如希望把樹木修成什麼模樣，或喜歡的庭院風格等。

好的園藝師會仔細聽取需求並盡可能回應，就算無法達成，也會清楚解釋做不到的理由。

最重要的是，要讓顧客覺得「每個決定都是經過自己仔細思考過的」，這樣他們會更積極參與庭院的規劃。

愈是積極參與規劃，愈能讓庭院變得更美好。

擁有庭院本身就很難能可貴。

只要把它打造得更舒適，日常生活就會更富足！

爬牆虎、常春藤一類

洋常春藤、加拿列常春藤：五加科／常綠木質藤本
爬牆虎：葡萄科／落葉木質藤本

修剪時期 5月底～6月、10月

病蟲害 天牛、廣翅蠟蟬科、紅足鏽象鼻、紅背豔猿金花蟲

一般俗稱的「常春藤」爲洋常春藤（市售各品種皆共用此名稱）、加拿列常春藤（又名加拿利常春藤）等常春藤屬植物的總稱，並非特指某種植物。

洋常春藤爲常綠植物，在半日照或全日照環境下都能生長，且無需澆水。

加拿列常春藤的葉子能長到跟成人的手掌一樣大，經常被用來覆蓋於牆面當裝飾，不過也有人把它種在地上，既能充當綠植又可減少雜草生長。一旦它攀附到房屋外牆上，藤蔓就會長出鬚狀氣生根，即使將其拔除，也會留下痕跡。

爬牆虎是一種落葉植物，在秋天會染成美麗的紅葉，但冬天時看起來有點慘澹。只要日照充足，紅葉就會更加明豔動人。

近年來，和爬牆虎同屬的花葉地錦很受歡迎，雖然它的繁殖能力略遜於其他常春藤植物，但葉色會隨四季變化，很有看頭。

這些植物如果只布滿地面倒也不成問題，但一旦纏繞到樹上就很令人頭痛。樹木只要被常春藤或任何其他攀緣植物纏上，都會減低光合作用的效率，最終走向衰敗。

修剪方法

修剪常春藤植物的重點，在於疏剪茂密處，保持良好通風，以避免枝條擁擠悶熱。修剪前要先仔細分離纏繞的藤枝，並小心不要剪斷主蔓。

它們的新芽會在5月底到6月間快速成長，建議在10月進入停歇期時開始修剪，就能維持美觀。就算不修整，也要在生長季節時檢視庭院，確保它們沒有長滿牆面或入侵冷氣的室外機，也避免纏繞到其他樹上。

病蟲害

太粗的藤蔓可能遭天牛入侵而枯萎，生長得太密集又會引發廣翅蠟蟬科蟲害，導致植物產生白色的軟爛分泌物，有礙觀瞻。近年還有紅足鏽象鼻等外來種入侵，在日本各地造成危害。

修剪前的常春藤。順著愈來愈長的藤蔓到出枝處，再一口氣剪掉。

常春藤的鬚根。一旦被這些氣生根攀附上，即使移除也會在外牆留下痕跡

❶加拿列常春藤的花。
❷加拿列常春藤的莖。
❸花葉地錦上的紅背豔猿金花蟲（7 公釐）。
❹入侵室外機的加拿列常春藤。
❺花葉地錦。

凌霄

紫葳科／落葉木質藤本

修剪時期 2月

花期 7～8月

病蟲害 蚜蟲

凌霄花和蔚藍的夏日晴空很相襯。

它們喜歡日照充足的環境，且不需要施肥，所以很好種。

不過如果因此就放著不管，它就會爬上所有能纏繞的東西，一旦攀爬到旁邊的樹上，樹就會因難以行光合作用而轉衰。若是爬上牆壁，它就會從藤蔓間長出鬚狀氣生根，並牢牢黏在牆體上，即使拔掉後也會留下痕跡。

建議先規劃好再種植，比如立根竿子給它攀爬，或是讓它垂吊在斜面、石牆上等。

凌霄的主幹如果不長粗就無法開花，因此確立好主幹後再好好養護，才是明智之舉。

修剪方法

如果凌霄從地表長出分櫱枝，就須儘早根除。修剪期為2月，須先保留粗枝和冬芽，再砍去所有細枝。

病蟲害

有時會引來綿蚜。

❶修剪前
如果攀緣入侵到鄰居家，就要追溯源頭再剪掉。

❷花朵

多花紫藤

豆科／落葉木質藤本

修剪時期　5月底～6月、12月～隔年2月

花期　4～5月　**結果期**　9～10月

病蟲害　蚜蟲、介殼蟲、天牛、廣翅蠟蟬科、癌腫病

●花色從白色到淺紫色不等，種類繁多。

4～5月時，只要欣賞花棚上盛開的紫藤花，就能理解它在日本自古便備受喜愛的原因。垂墜的花朵看起來氣派華麗，又不失優雅韻味。

很多地方都設有紫藤花棚，卻也讓人難以判斷它們的準確樹齡。

在一旁靜靜欣賞採蜜的木蜂等花蜂，也不失爲一種樂趣。

〈修剪方法〉

花苞會集中從細枝上長出，因此修剪時要予以保留。遇到糾纏的藤蔓或枯枝，得先追溯到源頭往下疏理，並採下所有果實。

〈病蟲害〉

枝幹上可能長出名爲癌腫病的瘤塊，一經發現就要馬上切除。

❶它的果實長得很像四季豆，放著不管將產生大量實生苗（提供者／岩谷美苗）。

❷建置花棚時，應以便於維護的大小為首要考量。

❸多花紫藤雖是藤本植物，但枝幹也會愈長愈粗壯。

❹花苞會集中生長在細蔓上。

修剪方式較特殊的樹種

植物的種類五花八門，因此有些樹種難以分類。以下即將介紹的植物無法歸類於前述範疇，適合的修剪方式也大相徑庭。

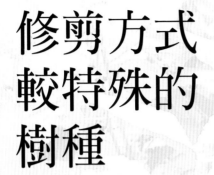

繡球花

繡球花科／落葉灌木

修剪時期 7月

花期 6～7月

病蟲害 黑尾大葉蟬、白帶赤腳長象鼻蟲、葉蟎、炭疽病、銹病

●陰暗潮溼處

繡球花是灌木，因此經常被種在狹小的空間中，由於它們會愈長愈龐大，因此建議種在寬敞的空間裡，否則不易開花。

一旦種植的太密集，就很容易成爲蚊蟲的溫床。此外，若每年都在狹小的空間內強剪，也會導致開花困難。

如果想以繡球花作爲切花材料，就得先燒灼莖部再插入水中，否則容易枯死。安娜貝爾品種因喜日照，所以特別適合做成切花，即使在3月修剪也會從枝梢開花，適合新手嘗試，而且就算它枯萎，也能做成韻味十足的乾燥花，在園藝商品店和花店甚至賣得很貴。

坊間經常可以見到名爲澤八繡球的健壯品種。曾經當紅一時的橡葉繡球由於開花會下垂，因此不論想種在庭院催花或是做成切花都不容易。

多數人以爲的繡球花瓣其實是花萼。

修剪方法

基本作法是修剪花朵下面的第二個節點，不過這個方法會讓植株愈長愈大，所以每隔幾年就得果斷短截，並放棄花朵。另外，往地面整枝將能減少蚊蟲發生。仔細觀察修剪過的棕色枝條，如果沒有長出藍綠色的新芽，就可以從出枝處整根剪斷。

即使進入12月份也無法判斷花苞是否會開花，因此只須剪除突出的枝條即可。

梅雨季妝點庭院的繡球花
（提供者／臼井智子）

修剪後

修剪前

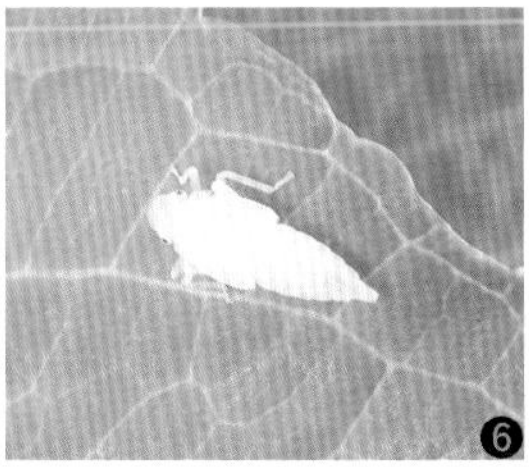

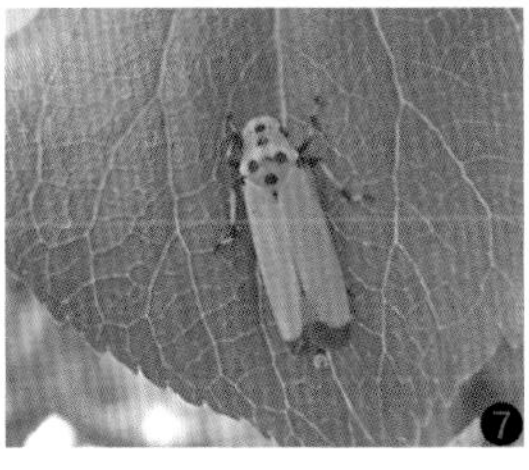

❸安娜貝爾。 ❹澤八繡球就算在惡劣的庭院環境中也能成長茁壯。 ❺白帶赤腳長象鼻蟲的啃咬痕跡，會害植株下垂到幾乎折斷。 ❻黑尾大葉蟬幼蟲。幼蟲和成蟲皆會危害各種植物。 ❼黑尾大葉蟬成蟲。

❶如果修剪時保留花下第 2 個節點，隔年開花的機率就很高。

❷花下第 2 節修剪完成後的模樣。不過每年重複一樣的修剪方式會讓整體植株愈發龐大，因此偶爾需要徹底強剪。

竹 / 赤竹

禾本科 / 常綠、落葉，高度依種類而異

修剪時期 2～3月

病蟲害 馬汀氏竹斑蛾、介殼蟲、蚜蟲

●蚜灰蝶幼蟲會捕食附著在竹、赤竹上的蚜蟲。

庭院裡經常可以看到唐竹一類小型纖細的竹子。赤竹則會群聚成叢，可以種來固根。

最好把竹子種在深1公尺的圓管或植穴框內，以防止地下莖持續蔓延。

當開花時代表植株可能就快枯萎了。

修剪方法

2月時從地面疏剪，藉此限制竹子的數量。以理想高度爲基準，把上緣全部砍掉，透過摘心控制高度。如果竹節長出樹枝，可在觀察整體平衡性後，進行修剪、疏剪或修形。在沒打理的情況下可能長到5公尺高，所以通常會摘心，將竹子高度控制在2至3公尺左右以內。

病蟲害

每年馬汀氏竹斑蛾可能出現2次，分別是5～6月和初秋。牠的毛有毒，據說碰到會引起痛癢，因此務必當心。

修剪前的唐竹

馬汀氏竹斑蛾幼蟲

修剪後的唐竹

十大功勞

小檗科／常綠灌木

修剪時期　4～6月

花期　3～4月

結果期　初夏～秋

病蟲害　幾乎沒有。偶有介殼蟲、炭疽病。

十大功勞的葉片形似柊樹，因此在日文名為柊南天。它的葉緣尖銳，因此不小心碰到會刺痛。開花後會長出許多下垂的黃色小花穗，並散發淡淡清香。

這種樹即使不經常修剪，也能維持一定的形狀，可說是非常優秀。

它的同類成員還有湖北十大功勞，葉子雖細薄，但不像十大功勞那般尖刺，因此摸起來不會刺痛。這種地被植物看起來時尚有型，因此經常被種在都市公寓的入口處。

就我種植過的經驗，這2種植物都不喜強烈的直射光，約在3～4月開花

修剪方法

十大功勞會隨著樹齡增加愈長愈擁擠，因此要由上往下疏剪，而湖北十大功勞若未經打理，也會長到不容忽視的高度，得從地面往上疏剪。

果斷汰舊換新，從地面剪掉徒長枝，把整體修小。

修剪前的十大功勞

修剪後的十大功勞

十大功勞的花

修剪前的湖北十大功勞

八角金盤

（別名：多室八角金盤）

五加科／常綠灌木

修剪時期　3～7月

花期　11～12月

結果期　隔年4月

病蟲害　幾乎沒有。偶有炭疽病。

●耐陰

若想在陰涼潮溼的地方增添一點綠意，八角金盤是完美的選擇。它的葉形就像日本傳說中天狗手握的扇子，獨特而強健，不過無法在寒冷地帶生長。

它們的花朵也很獨特，白色的小花簇相擁成球形，花期約在11～12月左右，此時庭院裡其他的花幾乎都凋謝了。

螞蟻和短翅細腹食蚜蠅等蒼蠅夥伴會來採蜜，只要看到牠們就會油然升起一股加油之情，「希望牠們都能順利過冬就好了」！

果實（提供者／香川淳）

花朵和花蕾

修剪方法

若完全不打理，它就會蔓延開來占據大量空間，因此得多加注意。長過頭時得採截剪，直到切齊其他高度較適中的枝條上緣。此外，由於新的枝幹會從地面冒出來，建議將其控制在3～5根左右，超過就要由上而下疏剪。

短截修剪法步驟❶～❸
當莖長過頭或枝條過密時，首先保留葉子，一邊維持整體形狀同時做修剪。如果往沒有葉子的部位下刀，整根莖就會枯萎。

修剪後

基本作法不外乎是將長過頭的莖疏剪，或行自然式修剪。可視情況再短截修剪，把整棵樹修小一圈。此時，長勢旺盛的樹枝會被剪得比右下圖更小，把樹高控制在低於窗戶下緣處，才能一眼望穿後面。

修剪前

剪到一半，還沒完成短截修剪的樣子，也可以趁此時調整形狀。

棕櫚

棕櫚科 / 常綠喬木

修剪時期　隨時

花期　5～6月

結果期　11～12月

病蟲害　幾乎沒有

棕櫚樹散發異國般的熱帶風情，因此備受喜愛。通常在庭院會種3種不同高度的植株，以營造錯落感。

不過要特別留意的是，由於棕櫚樹的生長點在頂部，所以一旦攔腰砍斷樹幹就會枯萎，這代表無法隨心所欲地控制它的高度。

如果它長太高，總有一天必須從地表將其砍掉。此時樹幹上的纖毛會妨礙修剪，使作業極其困難。

假使沒有種植印象，但又看到幼苗長出，那很可能是因為鳥類吃了果實後，種子隨著排泄物排出體外所長成的幼苗。

實生苗

棕櫚樹爲雌雄異株，各自開出雌花與雄花，其中塊狀的雄花下垂，看起來相當怪誕。

授粉完成的雄花將逐漸凋零，雌花則結出長得像藍莓的果實，很受鳥類喜歡。

修剪方法

在夏秋時分，先保留2～3片從中心長出的新葉，接著從葉柄基部剪除。此外，老葉子的尖端往往會彎曲，因此很容易辨識。

如果擔心棕櫚樹實生，不妨在修剪時一併把花朵去除。不過畢竟無法阻止鳥類從外搬運種子過來，如果觀察到，最好趁它還小時連根拔除。

果實

雄花

葉子

雌花（提供者／岩谷美苗）

左：修剪前、右：剪到一半的樣子，後面會再減少葉片數量。由下依序連同葉柄剪去老葉。它的生長點在頂部，不能對頂部下手，因此每年都會持續長高。

結香

瑞香科／落葉灌木

修剪時期　11 月～隔年 2 月

花期　3 ～ 4 月

病蟲害　幾乎沒有。偶有蚜蟲。

結香的樹枝末端有三叉分枝，因此在日文名爲「三椏」，它同時也是日本紙和紙幣的原料，故稱三椏樹皮漿、三椏紙。它會在3～4月盛開球狀黃花，並散發淡淡清香。

建議種在較寬廣的庭院，否則若空間過於狹窄，就無法展現它的原生韻味。

我曾在家裡種過開紅花的結香品種，爲了配合有限空間，我對它反覆強剪多次，結果卻導致紅花銳減，到現在已經變成普通的黃花結香了。究竟是因爲它用黃花品種嫁接紅花枝條，還是因爲頻繁修剪導致返祖發生，至今仍是一個未解之謎。

修剪方法

只要把突出的樹枝從出枝處剪掉，就能把它修小。

修剪前

結香的花，左為紅花品種。

修剪後

山月桂

（別名：美洲月桂）

杜鵑花科／常綠灌木

修剪時期　6月

花期　5月

病蟲害　幾乎沒有。偶有蚜蟲、褐斑病

●半日照、排水良好處。

5月左右，山月桂會開出白、粉、紅等不同顏色的花朵，像金平糖般繽紛。它喜歡半日照、排水良好的環境，但若種在完全遮陰的地方，可能導致不開花。如果夏季被陽光直射，山月桂的葉子就會變黃，所以最好種植在落葉樹下。由於不耐夏季乾燥，建議用腐葉土覆蓋，並避免種植在西晒強烈的區域。

開過花的枝條，隔年就不會再開花，因此樹齡年幼時，往往二年才開一次花。如果每年都想賞花，可以用摘蕾的方式，將花苞數量減少至三分之一或一半左右。不過只要種植超過三年，待它枝條豐盈後就會年年開花，所以不必過於擔心。

修剪方法

山月桂長得很慢，就算不經常打理形狀也不會亂掉。修剪時只要剪掉徒長枝，以及將過密的枝條稍作自然式修剪即可。

其他常綠杜鵑亞屬的植物也採相同修剪方式。要注意這類植物一旦長大，就很難再修小了。

山月桂有多種花色，包括白色、粉紅色和紅色。

由於山月桂生長緩慢，所以通常不用花太多心力照顧，只要將太突出的枝條從出枝處剪去，避免徒長即可。

基礎篇

種樹時得思考的事

空間配置

種樹時首重空間配置，許多人種植時把間距算得太剛好，最後往往導致長得擁擠不堪。如果打算修剪成日式庭院那種球簇狀樹形倒還好，但如果希望它們自然順勢生長，就得保有空間的彈性。

樹木年復一年地生長，幼苗對土壤的適應能力尤其好，容易長到超過理想高度。因此，種植時得想像它們十年後會是什麼樣子，才能事先預留彼此之間的空間，而不是只憑樹苗大小決定，草草種下去就完事了。

此外，建議不要把它種得離鄰居家太近，以免難以修剪到整棵樹，或因落葉造成鄰居困擾。

剛種下時看起來難免有點稀疏，此時不妨想像庭院五年後、十年後的美景，一切都是值得的。

為什麼要種樹

在庭院種植綠色植物有許多目的，以下我們總結幾個最具代表性的理由，可依目的找尋適合的樹種，並落實修剪與打理。

●遮陽和防風

如果在朝南側種植落葉樹，夏天就可以遮陽，冬天落葉後依舊陽光明媚。在風大的地區，則推薦種植青剛櫟屬樹木，打造成樹籬擋風。

●輕隔間、隔牆

樹籬可以充當隔間、隔牆，但注意不要讓樹長得太高或太密，以免形成死角，反增預防犯罪的風險。

●食用

如果種柿、梅或香橙等果樹，就可以食用、保存或和親友分享，增加種樹的樂趣。

●招鳥引蝶

有些水果人類不能吃，鳥類卻很喜歡。

即使在城市地區也有大量棕耳鵯、日菲繡眼、日本山雀等鳥類棲息。

比如號稱「蝴蝶叢」的醉魚草，就會吸引蝴蝶或蛾類來採蜜。許多人可能聽到蛾就皺眉，但其實蛾和蝶外觀相近，而且也有很多美麗的觀賞蛾種。

●歷史原因

有時可能是上一代就種下的，也可能是買中古屋時附的。常聽到當事人表示不是很喜歡，但又不忍心砍掉。

其實，隨著時代的演進，建築風格和居住者的品味也會變化。

如果眞的不喜歡，大可把它們大刀闊斧地砍掉。對樹而言，不被主人需要也是可憐，況且也不利居住者的心理健康，倒不如由衷感謝它們一路以來的陪伴，再加以砍伐。

●純粹想種

許多人認爲，既然有庭院，就應該種棵樹比較好，甚至常說「想種棵不會長大的樹」。

然而，沒有樹可以永不生長，如果不修剪，即使灌木也能長到超過3公尺高。因此若不希望它長太大，就要選擇能保持適當高度的樹種，並且每年定期修剪，以維持樹高。

樹高
——何謂灌木、大灌木、喬木

每當翻閱植物圖鑑時，就會看到「落葉喬木」和「常綠大灌木」之類的分類，但究竟該以幾公尺定義它們的大小呢？

灌木

灌木是指低於視線高度的植物，可種植爲木叢或低矮的樹籬。

比如，杜鵑花和繡球花等就屬於這類植物，但如果讓它們毫無節制地生長，最多也可能長到3公尺高。有一次，我驚訝地發現某株被忽視的繡球花，竟在不知不覺間長到2樓的陽臺附近，而在以杜鵑花聞名的寺廟和神社裡，也經常可見比成年男子還高的杜鵑花。

大灌木

大灌木比灌木高，如山茶、茶梅、楓樹、全緣冬青、厚皮香等植物。它們通常不會高於一樓屋簷，但若不加以控制，也可能愈長愈大。建議定期修剪控制高度，像茶梅等，只要定期截剪，就能將樹籬維持在比人矮的高度。

喬木

如果是種在私人庭院的樹，只要高於一樓的大致就可以定義爲喬木了。粗略而言，就是無法用4公尺的工作梯爬到樹頂的樹。

以我們爲例，雖然會綁上安全帶等護具直接爬上去修剪，但需要付出很大的勞力和心力。在擁擠的住宅區庭院裡，不可能讓砍斷的粗枝就這樣接二連三地掉下去，因爲它們會撞到底下的樹木，甚至毀損屋頂和柵欄，因此最少也需要2個人，1人用繩子綁住要切割的樹枝、固定在其他根樹枝上，並在地面握緊繩索，1人進行砍伐。

遇到連我們都無法處理的參天大樹，就須聘請專門的砍伐技術人員，例如樹藝師、攀樹師等。

總之，像灌木、大灌木和喬木這種分法，是指在管理得當時，既能控制在一定的高度、又好維持樹形的大致標準。

人們常說，「我熱愛大自然，所以我不想破壞它」。倘若他們眞的這樣做，會發生什麼事？

樹木將無止盡地生長。

除非庭院夠大，否則一旦種植的樹長得過於巨大，就會因爲鄰居的投訴、接觸到電線、以路人安全爲優先等理由，不得不將它砍倒、連根拔起，終至消失。

人類創造的自然，就必須由人類持續管理。

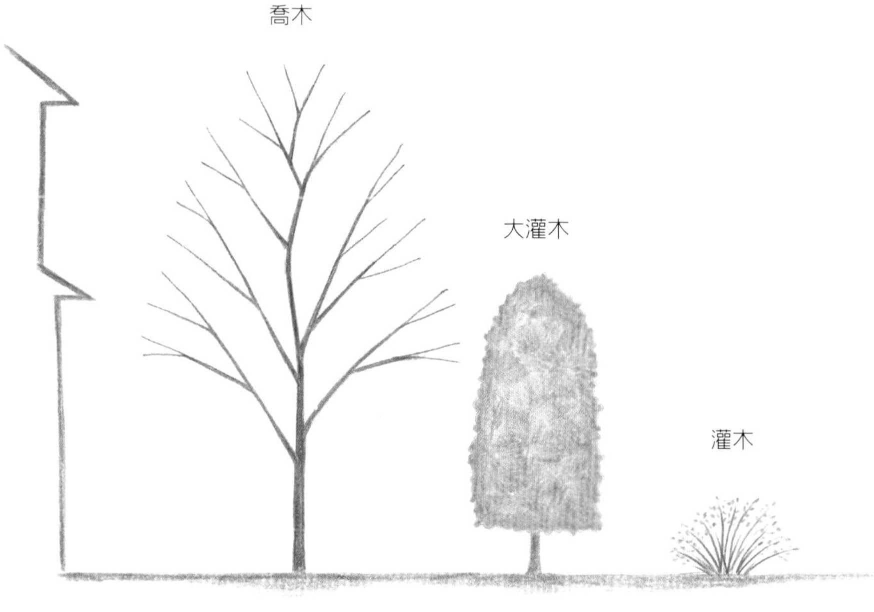

樹的防禦層

活著的樹不但可能生病，也會遭受細菌感染。木腐眞菌會從枯枝、剝落的樹皮、天牛（天牛科幼蟲等）鑽的洞，以及修剪傷口趁虛而入。

修剪時不該攔腰截斷，因爲若切口形狀不佳，木腐眞菌就會進入，成爲樹木腐爛的元兇。然而，如果樹木夠健康，就能創建防禦層，防止眞菌進一步入侵。一旦修剪不當，樹就無法形成防禦層，導致自身變得脆弱。因此砍伐粗枝時，要選組織容易膨大、傷口好癒合的部位下手。

不要使用癒合劑

若攔腰截斷枝幹，容易讓木腐眞菌進到樹裡。在日本要修剪粗樹枝或樹幹時，通常會在切口端塗抹嫁接蠟或殺菌劑等癒合劑。然而，如果用殺菌劑或蠟密封木材，容易導致溼氣無法散逸，反而幫木腐眞菌營造絕佳的棲息環境。

因此，不能讓傷口表面被完全蓋住。

在歐美，近年來的潮流是「放著切口不管」。即使什麼都不做，只要樹足夠健康，就算被一定數量的木腐眞菌進入，也有能力形成防禦層，防止被進一步入侵。

確保切口俐落乾淨，往樹皮容易包覆創口的部位下刀，皆至關重要。只要方法正確，就能讓樹皮包裹在傷口周圍，最終完全封閉傷口。樹皮包覆指的是誘導切口周圍的樹皮長大，最終完全隔絕傷口的方法。

有機噴霧

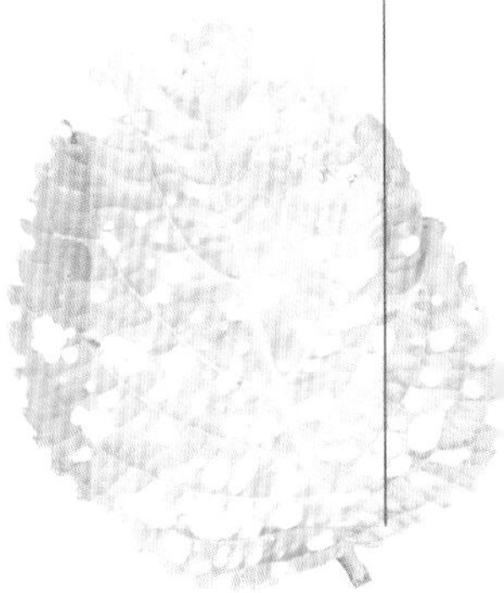

不想噴灑農藥，但若植株每年都會罹患相同的疾病，或遭到大量昆蟲危害時，不妨自己動手做做看有機噴霧劑（天然農藥）。可以用廚房的材料製作，既安全又可靠。

此外，如果突然從噴灑農藥改成有機栽種，可能會連續好幾年遭遇病蟲害，在這種陣痛期也能派上用場。雖然終極目標是完全不使用有機噴霧，但在過渡期間值得一試。

建議盡可能使用有機材料，效果比非有機成分更卓越。

有機噴霧劑不能取代化學農藥，雖不具殺蟲劑作用，但能使昆蟲難以接近，不過也有完全無效的昆蟲種類。

除了噴藥的濃度和頻率，還要配合整枝（若爲草本植物，則是摘掉開完的花朵，或修剪過密處）、土壤健康、多種植物混植（不同於密植）、不易發生病蟲害的品種等綜合因素，愈均衡效果愈好。

庭院裡的自然生物繁多，其中不乏正在努力驅除病蟲害的夥伴，所以也要多加了解這些生物（天敵），如果天敵能吃掉害蟲，有機噴霧甚至不用登場。

然而，有時無論如何努力，植物都會虛弱或死亡，這很可能是因爲植株不適合該環境，也許園藝的箇中樂趣就是在反覆試錯後累積經驗，找到不易受病蟲害影響的植物，或是體認到某些植物壓根就不適合特定環境。

在這裡，我們將介紹大蒜魚腥草木醋液、大蒜芝麻油劑、茼蒿茶和堆肥茶的作法和用法，也可參閱第37頁馬醉木液體的製作方法。

大蒜魚腥草木醋液

預防每年病蟲危害。保存期間約三年。

材料

大蒜　10克（剝皮）

辣椒　10克（去籽）

魚腥草　30克（洗淨、瀝乾後的新鮮葉子）

木醋液　200cc（也可用竹醋液代替）

❶將大蒜去皮並切成粗末。

❷將辣椒切片成5公釐寬。

❸將魚腥草切片成5公釐寬，包含花和莖。

❹將材料❶至❸放入玻璃容器後再倒入木醋液，放置約二週後即可使用，不過建議可以將大蒜、辣椒和魚腥草靜置其中三個月。

❺使用時僅取出液體，以500～1000倍的水稀釋後噴灑。首先始於1000倍左右，如果看起來沒有任何效果，再逐漸調濃。但太接近500倍可能過濃，對樹木不見得好。

❻使用後記得用水徹底清洗噴罐。

大蒜芝麻油劑

在蚜蟲出現或2～3月時噴灑，用於抑制各種昆蟲的卵期，也可以先把蚜蟲刮除，再於2～3月左右噴灑，以達鎮定效果。保存期限約爲三個月。

材料

大蒜　80克

芝麻油　2茶匙

粉狀肥皂　10克，或液體肥皂　30cc（請勿使用含界面活性劑的清潔劑）

水　1公升

❶將大蒜去皮並切成粗末。

❷將切碎的大蒜泡入芝麻油中24小時。

❸將肥皂溶解在水中製成肥皂溶液，並與步驟❷材料充分混合。

❹用紗布過濾後放入玻璃瓶中靜置4～5天。

❺使用時稀釋100倍，再以紗布過濾後，用噴罐或噴霧器施灑。

問荊莖茶

問荊莖茶可有效對抗白粉病等眞菌危害，也可以用來預防。非酷暑時，可以在陰涼處保存一周左右。

❶將10克乾燥後的問荊（陰乾約3天）放入2公升水中煮20分鐘。

❷冷卻後再加入8公升水攪拌10分鐘。

❸移除問荊，噴灑在病樹的根、樹幹、枝條、樹葉上。

❹連續施撒三天看看成效如何。

堆肥茶

將完全熟成的生廚餘堆肥裝入布袋裡，放進附蓋的桶子中用水浸泡一星期後，以水將溶液稀釋10倍，再加入幾滴液體肥皂，即可噴灑在植物上，能抑制白粉病等眞菌。

此方法並非殺菌，而是透過形成雜菌塗層來防止特定細菌繁殖。

庭院裡的害蟲天敵

❶銀背艾蛛。這種小蜘蛛無所不在，背上有銀色紋路。

❷在庭院徘徊的緣草蛛。

❸草蛉幼蟲。牠們會將垃圾背在背上，並捕食蚜蟲。

❹草蛉成蟲。

❺七星瓢蟲幼蟲，其外觀較鮮為人知。

❻七星瓢蟲成蟲，主要攝食草本植物和灌木上的蚜蟲。

❼異色瓢蟲幼蟲，會吃在灌木、喬木上的蚜蟲。

❽異色瓢蟲成蟲，日文名稱有「隨處可見」的諧音，花紋種類繁多。

❾嘴裡叼著蟲子的雜色山雀。

失敗的修剪案例

以下列舉幾個不適用於庭院樹的修剪例子。

占據地盤的烏蘞莓

布滿藤蔓

× 盤據的藤蔓

當樹被攀緣植物纏上，光合作用就會受阻，嚴重時還會因活力下降而枯萎。一旦發現此狀況，務必耐心移除。

× 塗抹癒合劑在傷口上

在粗枝切口上使用嫁接蠟或殺菌劑之類的癒合劑，可能對樹木造成嚴重損害（詳情參閱 p.172「樹的防禦層」）。即使切口很大，在歐美也已普遍不再使用癒合劑。

× 攔腰截斷

左：如果把樹枝從中間剪掉，不但木腐真菌容易趁虛而入，隔年還可能爆長細枝，導致通風不良，更容易發生病蟲害。建議盡量以自然式修剪仔細打理。

右：修剪整齊的山茶樹籬。樹葉減少後樹木已愈來愈衰弱，每年都被茶毒蛾蟲侵擾。

截剪過頭的香冠柏

下面光禿禿！

× 下面的樹枝都被剪光光

上面的樹枝受到較多陽光照射，很快就能長出新枝行光合作用，但如果不好好照顧下面的枝條，可能就再也長不出來了。許多人只修剪手能觸及的區域，這樣就不必使用梯子，但其實手能搆到的高度正好是該用於遮擋的樹枝範圍。「強剪上枝、照顧下枝」才是修剪的基本原則。

被剖開的胡頹子樹枝

× 粗枝切口

如果使用鈍鋸、剪刀或非修剪專用的鋸子修剪，就無法切得平整。一旦切口過於粗糙，就很難形成防禦層，使木腐真菌趁虛而入，導致植物枯萎。

× 越界

植物從種植區突出到路上時，容易阻礙行人交通並造成危險。尤其是樹籬，一個剪不好就會生長過盛，為了更有效地維護管理，就得「盡量打薄」。落葉樹常於頂部開枝散葉，不時會阻擋電線，落葉還會堵塞自家與鄰居的排水溝等。

× 未清潔剪下的枝條

修剪後的枝葉若殘留在樹枝上會干擾光合作用，並阻礙新枝葉長出。修剪作業不只有剪，還包括清理、清除雜物。

× 包覆

不管將任何東西懸掛或綁在樹上，都可能被樹枝包覆而腐爛。懸掛鳥巢箱時務必定期打理，每年至少清潔 1 次內部，或取下後汰舊換新。

園藝工具及使用方法

以下介紹各種有用的園藝工具，並以★標記必備的修剪工具。

★修枝鋸

最好持有二種不同的修枝鋸以利修剪。

一種是刃長約25公分、刀片稍厚的堅硬鋸子，用於切割較厚的枝幹。

另一種是切割果樹用的小型款，刀片約15公分長，輕薄短小。因爲刀鋒銳利，所以適合切割纖細或茂密的樹枝。

木工鋸刀的刃形和修剪用的鋸刀不同，因此不適合修剪。

●握法

實握，或將食指抵在刀背。

●修剪粗枝的方法

❶欲切除整根樹枝時，先用鋸子在離出枝處約20公分處的下方插入，深度爲樹枝直徑約三分之一至四分之一。

❷從步驟❶的刻痕往樹幹方向移動，距離抓樹幹直徑的三分之一至四分之一，從上方再下一刀。如此一來，樹枝在❶和❷之間分裂後，就可以輕鬆拍落。在步驟❶之後也可以從Ⓐ下刀，但是和從❷下刀相比，靠近樹幹一側較不易裂開。

❸最後再將它從底部砍掉。只要仔細觀察樹皮，往樹幹和樹枝的邊界下刀，切口就會很容易癒合。

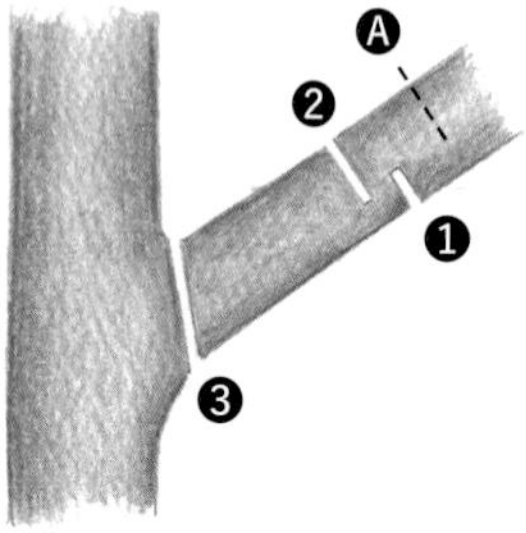

★ **修枝剪**

可以修剪約20公釐寬的樹枝。

●修剪方法

與其和枝條垂直，不如用斜角更容易剪出切口。

★ **木剪**

用於修剪小枝條、整理灌木叢和剪掉花梗等。

★ **大樹剪**

分爲大、小尺寸。小尺寸適合在狹窄空間、對表面較小的樹木修剪，拿來割草也很方便。大尺寸可用於修剪樹籬等。

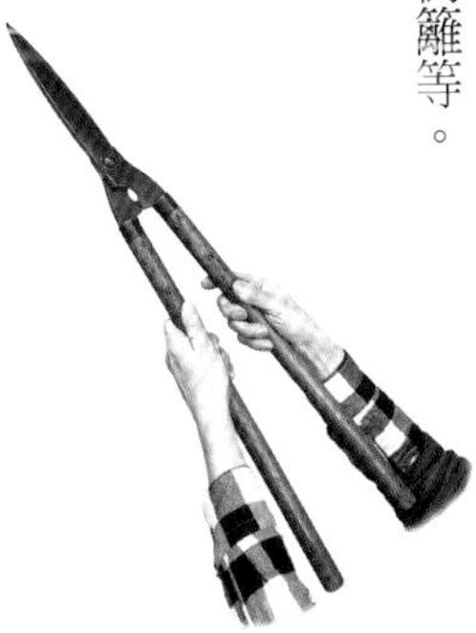

高枝剪

方便修剪高處略微突出的枝條，但僅憑此並無進行完整的修剪，因此仍以輔助爲主。

粗枝剪

當樹枝粗到用修枝剪也使不上力時，就能派上用場。和修枝剪相同，只要以斜角下刀，即使很粗的枝幹都剪得下去。

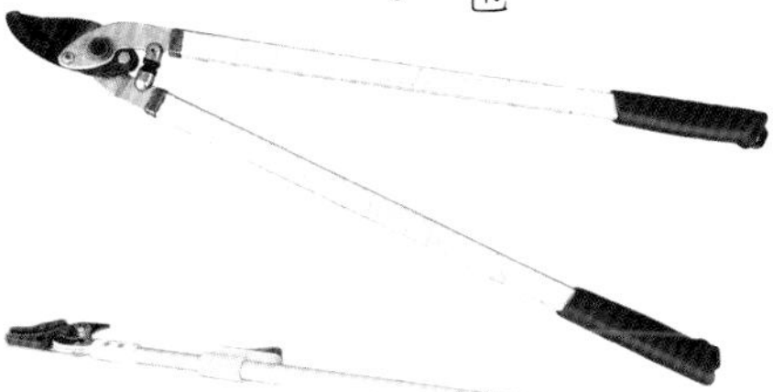

籬笆剪、割草機

籬笆剪可用於修剪樹籬等。

割草機則便於砍除雜草。

二者都有引擎、插電和充電款式可以選擇。

●引擎式

馬力強大，適合在沒插座可用的大面積區域操作，但因為它會燃燒混合汽油和潤滑油，所以不適合容易對化學物質過敏的人使用。此外它的噪音較大，也不宜在住宅區使用。此器械偏重，需要花很大的力氣啓動引擎，還要經常維護。

●插電式

雖然只能在有插座的地方使用，但便於力氣不大的人操作，若搭配延長線使用時需小心不要割斷電線。

●充電式

不用電線即可使用，因此操作方便，而且大部分型號都很安靜。但如果打算長時間使用，最好備妥備用電池以利更換。隨著電池的改良，充電式機型也變得愈加輕便。

竹掃帚

竹掃帚在大範圍清掃時很好用。訣竅是維持帚尖直立，在砂石地上只要輕拂，就可以只掃到落葉。偶爾可以稍微修剪尖端，剪去較粗硬的帚枝，會更便於操作。

竹耙子

適用於道路、平整的土地和修剪整齊的草地上。有各種尺寸和耙寬，但一開始先用標準款就好。

金屬耙子

金屬耙子便於清潔雜草、茂密的灌木叢或樹枝容易糾纏的區域，適合用在比較粗糙的表面，也可以用來清除草坪上的青苔。

小耙子

適用於樹籬和灌木叢等狹窄空間，方便刮除剪下的垃圾與落葉。材料有竹子、金屬等，也有採滑動式設計的小金屬耙子，可以調整寬度。

小掃帚

便於清掃平面上的縫隙、堆積在角落的垃圾，以及平面上的泥土等小範圍。

有時專業人士會從舊竹掃帚拆下樹枝，再手工製成小竹掃帚。現成商品則有各種類型，因此最好選擇堅固的。

手持畚箕

手持畚箕太小，無法一次裝下竹掃帚收集的垃圾，所以最好準備成套的，邊掃邊收集最方便。

工作手套或皮手套

徒手作業容易受傷或損傷皮膚，尤其是處理帶刺的植物時，請務必戴上皮手套。

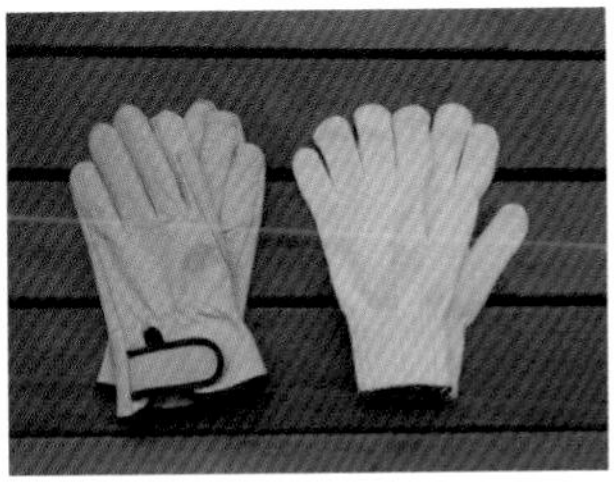

梯子

在高處作業時需要使用活梯，但修剪時建議用三腳梯，因爲庭院並不總是平坦的，在凹凸不平的地表用四腳梯較不穩定。因此，用三腳梯有助於在不平坦的表面保持穩定。需要注意的是，盡量將重心靠近三腳梯接觸地面的三角形中心，特別在斜坡使用時要格外小心。此外，這種活梯在一般路面、磚塊和塑膠板上容易打滑。

爲了安全起見，建議居家盡量使用較低的梯子，對於需要用到高腳梯的樹木工作，最好委託專業人士幫忙。

分趾鞋

從梯子上摔下來的人多半穿著厚底運動鞋。建議站在梯子上時可穿分趾鞋，以便感受腳底的觸感，避免意外發生。此外，從事挖洞等工作時也非常方便，因爲它可以防止塵土進入鞋子。鞋跟的扣子愈少，穿脫就愈容易。

真空拔毒器

進入庭院時，不僅要防範蚊子，還可能受到蜜蜂叮咬或蜈蚣咬傷的危險，這時若攜帶一套能夠抽吸毒液的急救工具，就可以避免潛在的危險情況。因此建議至少備有一套急救工具。有趣的是，一旦不再害怕昆蟲，被叮咬的次數似乎就會減少。

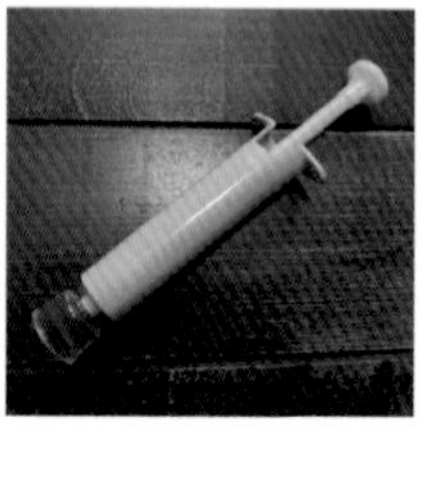

遮陽帽

最好穿戴有帽簷的帽子，因爲不僅是在夏天，連冬天的陽光也很低，光線仍然刺眼。因此，建議隨時戴上帽子來保護頭部。同時，我們還建議佩戴太陽眼鏡或防護眼鏡，以保護眼睛免受紫外線和尖銳樹枝的傷害。此外，折疊式露營防水布（帳篷）在夏季除草時也非常實用。

参考文献

《樹木図鑑》，監修：北村文雄、写真・解説：巽英明、解説：妻鹿加年雄，NHK出版
《絵でわかる樹木の育て方》，堀大才著，講談社
《家庭の園芸百科》，主婦と生活社編，主婦と生活社
《図解 樹木の診断と手当て 木を診る・木を読む・木と語る》，堀大才＋岩谷美苗著，農山漁村文化協会
《散歩が楽しくなる樹の手帳》，岩谷美苗著，東京書籍
《庭木の病気と害虫 見分け方と防ぎ方》，米山伸吾＋木村裕著，農山漁村文化協会
《虫といっしょに庭づくり》，曳地トシ＋曳地義治著，築地書館
《無農薬で庭づくり》，曳地トシ＋曳地義治著，築地書館
《二十四節気で楽しむ庭仕事》，曳地トシ＋曳地義治著，築地書館
《はじめての手づくりオーガニック・ガーデン 無農薬で安心・ラクラク》，曳地トシ＋曳地義治著，PHP研究所
《育てる・食べる・楽しむ まるごとわかるオリーブの本》，岡井路子著，主婦の友インフォス
《家庭園芸百科2 コニファーガーデン 色と形を味わう》，柴田忠裕著，NHK出版
《花と蝶を楽しむ バタフライガーデン入門》，海野和男編著，農山漁村文化協会
《空師・和氣邁が語る特殊伐採の技と心》，和氣邁著、聞き手：杉山要，全国林業改良普及協会

後記

爲了寫這本書，這三年來我滿腦子充滿修剪。

走在路上，我也會一直觀察住宅、咖啡廳和行道樹。

其實，當我受委託修剪時，總是會看到一些異例。比如，每棵樹的分枝模式都不盡相同，每年都會長出新的枝條，每次自然式修剪後的樹形都不太一樣。看到樹枝變化這麼大，經常使我懷疑它們是不是同一棵樹。

換句話說，修剪沒有教科書，無法一概而論。

儘管如此，我們還是特意寫了這本關於修剪的書，因爲我們希望每個人都能享受與樹木互動的樂趣，想讓更多人了解修剪的基本概念以及每個樹種的基本資訊和建議，並從中給予意見。

寫書過程中，最大的挑戰是拍攝庭院樹木修剪前後的照片。有時太忘情於工作，一旦忘記在修剪前拍攝，再想起時就爲時已晚了。相反地，有時忙著準備回家，又忘記拍下修剪後的照片。就算順利拍下修剪前後照片，等回家仔細端詳後，又因爲和周圍的綠色樹木重疊在一起，常常也看不清整體輪廓。

儘管如此，當截稿日逼近，想拍攝的樹種又剛好近在眼前時，喜悅之情實在溢於言表，就好像得到整個庭院的幫忙，一起引領這本書問世。

透過撰寫此書，我們才能重新審視樹木，再次挖掘有機庭院的潛力。

雖然最終沒能成功拍到某些照片，但我受到林業指導員香川淳、樹藝師岩谷美苗、園藝之友臼井朋子，以及身兼攝影師和糞土師的伊澤正名協助，讓本書得以更加充實。

另外，如果沒有編輯橋本瞳在我們每次想要放棄時給予鼓勵，這本書就無法出版。

最後，感謝我的老朋友——圖書設計師田中明美願意肩負各種艱鉅的任務。沒有她的幫忙，此書恐怕不會像現在這樣好讀又賞心悅目。

在此謹向所有支持我們的人由衷表達誠摯謝意。

與其讓樹自憐「我居然被剪成這副德性……」，我更希望它們說「修剪後，我感覺好清爽，好舒暢！」秉持這個初衷，我們介紹了92種樹的修剪方法。我們已將園藝師多年來學到和經歷的一切，全部傾囊相授。可以完成這本書，我們感到很幸福，希望對你有所幫助。

2019年7月吉日

曳地TOSHI、曳地義治

用語索引、解說

馬醉木液 37

綠植 23
人爲種植植栽覆蓋一定面積，看不到地表的狀態。

內芽 20
往樹幹內側生長的芽。

上芽 117
位於垂枝植物外側的芽即爲上芽。

整枝 22、47、107、123
將生長過於旺盛的徒長枝依序從底部剪除，減少樹枝量的一種修剪方法。

有機噴霧 173

平行枝 16、20
上下重疊往相同方向生長的樹枝。

多幹 17、86、89、124
從地表冒出多根（多半爲3或5枝的奇數）枝幹的樹形。

糾纏枝 16、20
和其他樹枝糾纏生長的枝條。

截剪 22、47、137
爲調整形狀、高度和寬度的修整方法。

強剪 14、21
大刀闊斧地修剪太高、生長過密的樹木，直至較爲矮小的程度。

短截修剪 20
將長芽的樹枝從中間修剪的方法。

輪生枝 66
從單點長出的放射狀枝條。

互生、對生 38
葉片於莖節兩側上下交互生長者爲互生，左右對稱生長者爲對生。

堆肥茶 61、110、175

下垂枝 16、20
枝條一般從樹幹往外生長，但有時會往內或往下長，此時稱爲下垂枝。

新梢 37、48、126、130
當年長出的新枝。

摘心 142、160
切除成長中心的枝條或枝幹。

問荊莖茶 61、110、175

醋水 61、64

生理落果 114
樹木結太多果實造成樹體負擔時，就會自行讓果實脫落。

修剪癭 84
當每年都在相同部位下刀，切口處的樹皮就會隆起成瘤狀硬化。

草木灰 37
以低溫燃燒落葉、樹枝製成的灰，可均勻撒薄薄一層在土壞、葉子上。

外芽 20、117
以樹幹為中心，在樹枝外側長出的芽。

高植 36
在潮溼難以排水的地方種植時，須先墊高地面上的土壤，改善環境後再種植的方法。

直立枝 16、20
筆直卻擾亂樹形的枝條。

球簇狀 143
連枝帶葉修剪或截剪成圓球形的造景方法。

強枝 14
徒長枝或長勢過旺的粗枝。

疏果 108、114
當結出太多果實時，將每個樹枝僅保留1～2顆果實，並摘除其餘未成熟的果實。果實太多時，不但太重會傷到枝條，每顆果實也不易長大，因此僅需保留部分精銳果實即可。

摘蕾 166
將花苞減少到三分之一或一半的數量。

幹頭枝 17、69
從樹幹長出的樹枝。

徒長枝 15、20
勢不可擋突出的樹枝。

大蒜芝麻油劑 174

大蒜魚腥草木醋液 174

固根 23、24、160
為達整體均衡，用其他植栽包覆大灌木、喬木的根部。

盤根 18
移植樹木時挖出和著泥土的盤根錯節處。可以用麻布包覆再以繩子綑綁，或裝入不織布袋中。

分蘖枝 17、40、89
從樹根長出的樹枝。

深植 9、18
將本應切齊地面的盤根頂部往更深處種植，甚至埋沒部分樹幹。這種做法會導致根部難以吸收氧氣，最後逐漸衰敗。

原木再生 14
短截樹枝後，重新長出枝條的狀態。這種重塑樹形的方法，即為「原木再生」。

攔腰截斷 8、172、176
將大樹的粗枝截剪時，不管有無枝葉或新芽都從樹枝中間攔腰砍斷，且毫無節制地重複進行。

自然式修剪 21、73、75、107、117、123
將強勢的樹枝從出枝處修剪，留下形狀良好的柔軟枝條。

邊界 23
道路和植栽的分界，或區分植栽和建築結構的細長部分。

立竿攀緣法 154

立根竿子讓攀緣植物依附於上生長的方法。

包覆 172、177

當枝幹被切砍或遭異物撞傷時，周遭的樹皮即會隆起將傷口堵住。

徒長 54、66、81、141

樹枝持續生長，卻長不出新芽、葉子或小枝條。

疏剪 22

選擇長勢較佳的枝條，其餘從地表修剪掉。

覆土 166

將植物周圍以腐葉土等自然素材、塑膠等覆蓋，以防止乾燥或雜草叢生。

實生 16、38、82、99、155、163

指的是從種子發芽後長出的植物，多半還很小。

門廊 53

將樹種在玄關或大門旁，使樹枝覆蓋上方的種法。

弱枝 14

纖細、形狀優美的樹枝。

側枝 104

從主枝旁側長出的樹枝。

樹種名稱索引

自然生活家52

園藝樹木自然修剪法

鳥・虫・草木と楽しむ オーガニック植木屋の剪定術

作者	曳地 TOSHI、曳地義治
主編	徐惠雅
執行主編	許裕苗
版型設計	許裕偉
封面設計	季曉彤
創辦人	陳銘民
發行所	晨星出版有限公司 台中市 407 工業區三十路 1 號 TEL：04-23595820　FAX：04-23550581 E-mail：service@morningstar.com.tw http：//www.morningstar.com.tw 行政院新聞局局版台業字第 2500 號
法律顧問	陳思成律師
初版	西元 2024 年 06 月 06 日
總經銷	知己圖書股份有限公司 106 台北市大安區辛亥路一段 30 號 9 樓 TEL：02-23672044 / 23672047　FAX：02-23635741 407 台中市西屯區工業 30 路 1 號 1 樓 TEL：04-23595819　FAX：04-23595493 E-mail：service@morningstar.com.tw 網路書店 http://www.morningstar.com.tw
讀者服務專線	02-23672044 / 23672047
郵政劃撥	15060393（知己圖書股份有限公司）
印刷	上好印刷股份有限公司

定價 450 元

ISBN 978-626-320-808-7

國家圖書館出版品預行編目 (CIP) 資料

園藝樹木自然修剪法 ： 詳述 92 種園藝樹木修剪技巧，讓您的庭園樹木散發盎然生機 / 曳地 TOSHI，曳地義治作 . -- 初版 . -- 臺中市 ： 晨星出版有限公司，2024.06
面 ； 公分 . --（自然生活家 52; ）

譯自 ： 鳥・虫・草木と楽しむ オーガニック植木屋の剪定術
ISBN 978-626-320-808-7（平裝）

1.CST: 園藝學 2.CST: 觀賞植物

435.4 113003327